엄마표 문해력 수업

엄마표 문해력 수업

초 판 1쇄 2023년 01월 20일

지은이 이현경
펴낸이 류종렬

펴낸곳 미다스북스
총괄실장 명상완
책임편집 이다경
책임진행 김가영, 신은서, 임종익, 박유진

등록 2001년 3월 21일 제2001-000040호
주소 서울시 마포구 양화로 133 서교타워 711호
전화 02) 322-7802~3
팩스 02) 6007-1845
블로그 http://blog.naver.com/midasbooks
전자주소 midasbooks@hanmail.net
페이스북 https://www.facebook.com/midasbooks425
인스타그램 https://www.instagram/midasbooks

© 이현경, 미다스북스 2023, *Printed in Korea.*

ISBN 979-11-6910-134-9 03590

값 15,000원

미다스북스는 다음세대에게 필요한 지혜와 교양을 생각합니다.

집에서 시작하는

엄마표
문해력 수업

이현경 지음

미다스북스

"요즘 문해력이 중요하다고 하잖아요. 문해력은 어떻게 챙겨야 하는 걸까요?"

아이를 낳아 키우는 일도 어려운데 교육을 담당하는 것까지 엄마 몫이라니 엄마가 해야 할 일이 너무 많습니다. 영어와 수학, 책 읽기만으로도 바쁜데 문해력도 챙겨야 한다고 하니 한숨부터 나옵니다. 문해력을 높이기 위해서는 국어를 잘해야 할까요? 국어를 잘하기 위해서는 책이 중요하니 책을 읽게 하곤 합니다. 초등학교 입학 전에는 종류별 전집을 들여서 책을 읽어줍니다. 그러다 읽기 독립이 되면 아이가 혼자서도 책을 읽을 수 있지 않을까 생각하여 자연스럽게 영어, 수학에 책 읽기의 순위가 밀립니다. 아이가 학년이 올라갈수록 책 읽기가 멀어지고, 국어는 점점 어려운 영역이 되어 갑니다. 또 공부를 잘해도 다른 사람의 마음을 읽을 줄 알고, 일과 사람 사이의 연관성을 파악할 줄 아는 것은 별개의 문제입니다.

공부를 잘하기 위해 책을 읽게 한다는 이야기를 들을 때마다 안타깝습니다. 책을 잘 읽는 아이들이 공부를 잘하는 경우가 많지만, 책을 읽는 이유가 꼭 공부를 잘하기 위해서는 아닙니다. 책을 가까이하면 성적을 잘 받는 것 외에도 좋은 점이 많이 있어요. 감정 표현에 익숙해지고, 넓은 시야를 가질 수 있습니다. 우선 아이들에게는 자기 존중감이 높아지는 효과가 있고, 아이들과 함께 책을 읽은 엄마들의 내면도 같이 성장합니다. 이는 문해력과도 관련이 있습니다. 엄마표 문해력이 필요합니다. 엄마가 아이를 가장 잘 알기 때문에 세상을 보는 넓은 시야를 길러줄 수 있기 때문입니다. 엄마표 문해력은 세상을 보는 눈입니다.

문해력은 생각을 표현하는 데 도움을 줍니다. 엄마표 문해력은 지하철 역에 앉아 있는 허름한 옷차림의 할아버지에 대해 연민의 감정을 느끼고 불쌍하다고 생각하는 것을 넘어서서 왜 이런 일이 발생하는지 생각해볼 수 있는 창을 열어주는 도구입니다. 엄마표 문해력은 글에 대한 이해나 어휘력, 책 읽기 능력만을 의미하지 않습니다. 글을 읽고, 생각을 전달하고, 행동하는 것까지 포함하지 않을까 싶어요. 엄마이기에 아이의 문해력을 엄마표로 끌어올릴 수 있습니다. 책만 많이 읽게 한다거나 단순히 공부를 잘하는 것을 넘어서야 합니다. 누구보다도 엄마가 아이를 잘 알고 있기에 엄마가 아이의 문해력도 키울 수 있습니다.

"책을 잘 읽는 것 같은데 왜 글을 못 쓸까요?"

"책을 읽기는 하는데 잘 이해하고 있는 걸까요?"

"학년이 올라갈수록 책을 읽는 것보다 게임을 더 많이 하는데 괜찮을까요?"

엄마들의 가장 큰 고민 중 하나입니다. 책을 읽는 게 좋은 건 알겠는데 제대로 읽고 있는지 궁금하고, 그나마 학년이 올라갈수록 책을 읽는 시간이 줄어들기 때문입니다. 무조건 책을 읽는 것보다는 책을 잘 읽는 것이 필요하고, 단어와 문장의 의미, 표면적인 뜻과 의도, 가치 등을 파악하며 읽어야 합니다. 즉, 문해력을 높이는 활동이 되어야 합니다. 학교에서 다루는 내용뿐만 아니라 일상생활에서 이야기되는 대화 주제, 그래프나 표, 여러 가지 문서에 포함된 내용을 읽는 능력을 키워야 합니다.

책의 중요성을 알고 있는 것과는 달리 안타깝게도 우리의 현실은 그렇지 않습니다. 아이가 커가면서 책과 멀어지는 경우가 많기 때문입니다. '책을 읽으면 좋지. 좋다는 건 알지만 시간이 없으니까.' 알면서도 실천하지 못하는 심리 상태로 불안함을 안고 시간을 보내고 있습니다.

책의 중요성을 알면서도 책을 잘 읽지 않는다면 그 이유는 책에 최선을 다했는지 찾아봐야 합니다. 책을 잘 읽으라고 하지만 어떻게 읽어야 잘 읽는 것인지, 열심히 읽는 것 같은데 왜 읽고 나면 제대로 내용을 파악하지 못하는 것인지 알지 못합니다. 이것은 아이들의 문제는 아닙니다. 책을 잘 읽어서 독서 습관 및 읽기 능력이 좋아지도록 도와주는 사람이 필요합니다. 책을 잘 읽는 것은 글을 읽고 이해하는 것뿐만 아니라 책에서 전달하는 내용을 적용하고 비판할 수 있어야 합니다. 즉, 문해력을 높여야 합니다.

엄마표 문해력을 키우려면 3가지를 해야 합니다. 잘 읽고, 대화를 잘하고, 짧게 글을 쓰는 겁니다. 이 책에서는 책 읽어주기, 대화하기, 짧은 글쓰기의 3가지 단계로 엄마표 문해력을 끌어올리는 방법을 담았습니다.

제 1장에서는 엄마표 문해력이 왜 중요한지, 엄마표 문해력의 정의, 책과 친해지는 방법, 엄마의 행복과 아이의 문해력의 관계에 대해 적었습니다.

제 2장에서는 엄마표 문해력의 첫 번째 단계인 읽어주기의 방법으로 아이 나이별 책 읽기는 학년별 추천도서를 읽는 게 아니라는 점을 설명했습니다. 흥미를 떨어뜨리는 책 읽기와 흥미를 불러일으키는 방법, 초등 입학 전부터 초등 고학년 시기에 책을 읽는 방법을 다루었습니다.

제 3장에서는 엄마표 문해력의 두 번째 단계인 대화하기의 방법으로 독서 환경과 독서 습관을 만들어서 아이들과 독서 대화를 이어나가는 방법을 적었습니다. 무엇보다 중요한 건 아이의 상황에 맞게 대화를 이어나가는 것이라는 점을 강조했습니다.

제 4장에서는 엄마표 문해력의 세 번째 단계로 짧은 글쓰기 방법을 다루었습니다. 글쓰기를 위한 3가지 루틴, 집에서 엄마와 함께할 수 있는

다양한 글쓰기, 문해력을 높이는 쓰기 방법을 집중해서 안내했습니다.

제 5장에서는 집에서 시작하는 엄마표 문해력 수업을 어떻게 시작할 수 있는지, 일상에서 어떻게 적용할 수 있는지에 대한 방법을 다루었습니다.

저는 일하는 엄마로 두 아이를 키우며 책과 함께 하는 삶을 살고 있습니다. 아이들이 어렸을 때는 불안했습니다. 일을 하면서 아이들을 돌보다 보니 잘 챙겨주지 못해 책에 대해 멀어지는 건 아닐까 두렵기도 했습니다. 엄마가 더 잘 가르쳐줄 거라 생각했는데, 그러지 못한다는 사실에 당황스러웠어요. 엄마로서 저의 자존감이 바닥으로 내려가기도 했습니다. 엄마의 자존감도 끌어올리면서 아이들이 책과 더 친해질 수 있는 방법을 고민했습니다. 그러다가 찾은 방법이 책 읽기였습니다. 매일 아이들과 책을 읽었어요. 읽기 독립이 되었다고 혼자 읽으라고 하지 않고 하루 15분이라도 매일 함께 읽었어요. 엄마와 함께 책 읽기를 하면 아이들과 엄마의 정서 관계도 좋아지고, 아이들이 오랫동안 책과 친해지겠다는 확신이 생겼어요. 꾸준히 책 정서를 채워나가니 엄마의 자존감도 올라갔고, 아이들과 엄마와의 관계도 좋아졌습니다.

이 책에는 여러 가지의 이유로 책 읽기에 어려움을 겪었던 아이들의 이야기가 담겨 있습니다. 아이들의 책 읽기, 글쓰기 실력은 하루아침에 좋아지는 것은 아닙니다. 무엇보다도 아이가 즐겁게 책을 읽어야 하고,

책에 관한 내용을 마음으로 표현할 수 있어야 진정한 독해가 됩니다. 그래야 글쓰기도 자연스럽게 이어집니다. 요즘 문해력에 대한 관심이 많습니다. 엄마가 문해력까지 담당해야 하다니 부담이 클 수도 있습니다. 이 책은 엄마이기에 할 수 있는 엄마표 문해력에 대한 이야기를 사례와 직접 경험을 통해 전달하였습니다. 어떻게 해야 일상생활에서 책 읽기를 실천하며 독서 습관을 형성할 수 있는지 알고 엄마나 교사가 함께 하기를 바라며 문해력의 중요성을 당부하고 싶습니다. 문해력이 높은 아이들은 만화책을 읽더라도 자신만의 창조적인 것을 발견할 수 있습니다. 아이들이 책 읽는 것에 어려움이 있더라도 무엇이 문제인지 원인을 파악해야 대안도 세울 수 있습니다.

두 아이의 엄마, 워킹맘으로서 아이들이 책 읽기를 통해 즐거운 경험을 하고, 독서에 대한 태도가 변화하는 과정을 지켜보았습니다. 엄마표 문해력 수업의 목표는 책을 잘 읽어서 자기 나름의 판단을 하며 세상을 해석하는 힘을 길러주는 것이었습니다. 문해력을 높여 세상에 당당하게 자기 생각과 감정을 잘 표현하도록 용기를 주고 싶었습니다. 책 읽기가 부담스러운 숙제가 아니었으면 하는 마음으로 이 책을 썼습니다. 함께 고민하고 노력하면서 책을 좋아하게 된 아이들에게 감사한 마음을 전합니다.

책과 함께 한 주변 사람들의 이야기

6년 동안 수업을 하고 있는 아이 - 6학년 아이 엄마

아이가 책 읽기를 좋아해서 시작하게 된 독서 논술 수업이 벌써 6년입니다. 조금 어려운 책들은 두 번 세 번씩 반복해서 책을 들여다보는 모습도 보이기도 합니다. 이젠 자기 생각을 끌어내며 이야기하는 것을 즐기고 글쓰기에도 자신감을 보인답니다. 수업을 통해서 스스로 잘 알지 못하고 놓치는 부분을 알게 되었고 독서록을 쓰는 방식을 조금 더 발전시킬 수 있었어요.

엄아독에서 대화 독서법의 빛을 만나다 - 최광미(초등 2학년, 7세 엄마)

예전보다 더 많은 지원과 좋은 교육환경에서 자라지만 요즘 아이들에게 부족한 것이 문해력이라고 합니다.

단순히 책을 읽는 것으로의 독서라는 한쪽 면에서는 균형을 잃던 그림이 엄마와 아이의 책 읽는 매일이 쌓여가니 제대로 보이기 시작했습니다. 유대인의 자녀 교육 저력은 탈무드에서 나오는 게 아니라 탈무드를 통한 대화와 토론에서 나오는 것이라고 합니다. 앞으로 아이가 배울 세상의 모든 것을 위해 밑바탕이 될 문해력은 단순히 책을 많이 읽는 게 아니었습니다. 책을 좋은 도구 삼아 엄마와 아이가 나누는 대화에서 진짜 독서의 힘이 꽃피우게 된다는 걸 실감했습니다. 필독서나 독후활동보다 더 중요한 이해와 공감, 안정된 정서까지 얻게 되는 경험을 엄아독을 통해 배우고 실천해나갈 수 있어 감사한 마음입니다.

독서의 세계로 가는 첫걸음 - 지안송 님(초등 1학년 엄마)

아기 때는 책을 가지고 놀고 책 읽어주는 일상을 보내다가 이사를 오면서 다섯 살 때 1년을 그냥 보냈어요. 텔레비전 시청과 유튜브 시청을 하면서 책과 멀어지게 되었어요. 여섯 살이 되었고 코로나19 바이러스가 나타나면서 유치원도 못 가고 집 밖으로는 못 나가는 상황이 되던 차에 알게 된 '엄아독'. 초보 엄마와 아이는 독서의 세계로 첫걸음 내딛게 되었습니다. 처음에 책을 읽고 질문하고 답하기는 매우 어려웠어요. 그래서 책을 읽어주고 엄마의 생각을 먼저 말해주면서 아이도 자연스럽게 대화에 참여할 수 있게 했고요. 이제는 중간중간 아이와 눈 마주치면서 대화하는 시간이 소중하고 행복합니다. 하루에 한 권씩이라도 읽어보자는 마음으로 시작한 온라인 독서 모임을 3년째 할 수 있었던 이유는 선생님의 맞춤 코칭과 동기님들이 있어서입니다. 같은 책을 읽으면서 엄마도 성장하는 시간이 너무 소중합니다. 아이는 책에 대한 거부감이 사라졌고, 잠자리에서는 당연히 책을 읽고 자요. 여유 시간에도 엄마와 즐겁게 책을 읽게 되었습니다. 좋아하는 책이 생기고, 좋아하는 작가님을 알게 되고, 다음 신간을 기다리기도 합니다. 그 덕분인지 한글 떼기가 빠르진 않았지만, 따로 가르치지 않는데도 독서를 통해 자연스럽게 익혔습니다.

올해 여덟 살이 되었습니다. 선생님께서 추천해주신 책 낭독하기를 등교 전 아침마다 실천 중입니다. 하교 후에 30분에서 한 시간 정도 스스로 책 읽기도 도전하고 있습니다. 낭독하면서 자신감도 얻고 로봇처럼 읽던 아이가 자연스럽게 읽게 되는 모습이 대견하고 기특하네요. 앞으로도 독서 습관을 잘 형성하고, 계속 함께 하고 싶어요.

엄아독과 함께 뿌린 독서 씨앗 – 길선생님(초등 3학년, 1학년 엄마)

두 아이를 키우며, 살림이나 육아나 무엇 하나 만족스럽지 못했는데, 그중 제일 아쉬웠던 게 아이에게 책을 많이 읽어주지 못한 것이었다. 처음 온라인 검색을 통해 '엄마와 아이가 함께 하는 독서 습관(=엄아독)' 프로젝트에 참여하게 된 건, 이렇게 의식하지 않고는 매일 아이와 읽는 게 생각보다 쉽지 않아서 인증을 하기 위해 신청했다. 그런데 프로젝트에 참여해보니 '책'이라는 매개체를 가지고 모여서 그런지 멤버들과 이야기가 잘 통했고, 특히 다른 친구들이 재미있게 읽은 책에 관한 이야기를 많이 나눌 수 있어서 좋았다. 또, 선생님께서 궁금해하는 분야의 책을 바로바로 추천해주셔서 책 선택에 큰 도움이 되었다.

첫째가 8살이 되던 2년 전 2월부터 지금까지 계속 함께 하고 있다. 엄아독은 아이만 읽는 게 아닌, 엄마도 함께 필독서를 읽고 단톡방에서 단상을 나누고, 아이와 읽은 책도 짧게 올려서 인증을 하는 시스템이다. 『그 집 아들 독서법』을 시작으로 전안나 작가님의 『초등 하루 한 권 책밥 독서법』을 읽을 때는 작가님의 인스타그램 특강도 함께 해서 도움이 많이 되었다. 그때 전안나 작가님께서 아이들이 커서도 꼭 엄마가 책을 읽어주라고, 그 끈을 놓지 말라고 하셨는데 아이가 3학년이 된 지금, 그 말씀이 와닿는다. 자꾸 '너 혼자 읽어!'라는 말을 아이가 크니 자연스레 하게 되는 경우가 생겨서, 그러지 않으려고 하루에 한 권 이상은 함께 읽으려고 하고 있다. 첫째가 3학년이 되고 또 다른 변화가 있었다. 책 읽기가 좀 재미있어졌다고 말하는 것이다. 엄아독의 힘은 이런 것이라 생각을 했다. 자기 전에 나는 피곤해서 그냥 자고 싶어도 책 읽어달라는 말을 아이들이 먼저 한다. 도서관이나 서점에 갔을 때 엄마랑 읽었던 책이 큐레이션 되어 있으면 반가워하며 책에 대한 이야기를 나눌 수 있어 기분이 좋다. 아이들도 자기들이 읽은 책이 전시되어 있으면 신나서 말한다. 엄아독과 함께 매일매일 쌓아온 시간이, 아이들에게 독서 씨앗이 되어 뿌리가 튼튼한 나무로 자라나고 있음을 느끼는 요즘이다.

피노키오 관련한 책 읽기 이야기 - 하트 님(초등 2학년 엄마)

요즘 환경보호의 트렌드로 '지속가능한 환경보호의 실천'이 강조되고 있어요. 저는 이런 이야기를 접할 때마다 '지속가능한 책 읽기의 엄마 실천'이 떠올라요. '지속가능한 실천'은 일상에서 쉽고 간단하게 행할 수 있는 일인데 그 실천을 일상으로 옮기기까지가 제 1관문이 되어요. 그리고 제 2관문은 그 실천을 '매일 꾸준히' 하는 일상을 유지하는 것인데 이게 제일 어려워요. 저희 집 아이는 올해 초등학교 2학년에 접어들었습니다. 여전히 '매일 꾸준히' 책을 읽어주고 있고, 매일 책을 가까이 하는 일상을 보내고 있고요. 이렇게 '지속가능한 책 읽기'를 위해 아이를 위한 독서 환경을 만들어주는 것이 엄마의 아주 오래된 업무이고요. 『초등 매일 독서의 힘』(이은경)에서 '읽는 어른'으로 가기 전의 단계는 '읽는 어린이'를 만들어야 한다는 말을 늘 되새기며 오늘도 엄마의 아주 오래된 업무인 북 큐레이터를 자처합니다.

사실, 아이가 좋아하는 책을 검색하고, 찾아주고, 빌리고, 구입하고, 소개해주는 일련의 과정들이 마치 아무것도 없는 황량한 사막 속에서 오아시스를 찾는 것처럼 힘들고 고되어서 '나는 북 헌터다.'라는 생각을 참 많이도 했었어요. 제가 사는 시의 모든 도서관을 검색하고, 가까이에 있지 않은 책은 상호대차를 예약하고요. 그리고 온라인 서점과는 참으로 친하게 지내면서 오프라인인 동네 서점은 격일로, 대형 서점은 주말마다 들리는 일상들이 정말 '내 아이에게 맞는 그 책 한 권'을 찾기 위한 사냥꾼 같다는 생각에 '엄마는 북 헌터'라고 못내 지었나 봅니다. 이제는 좀 부정적인 '북 헌터' 보다 '북 큐레이터'로 생각의 전환을 바꾸었어요.

엄마의 아주 오래된 업무, '북 큐레이터'의 일상이 어떻게 이루어질까요? 초등 2학년인 아들은 한동안 '피노키오'에 흠뻑 빠진 시즌이 있었어요. 이름하여 '피노키오 시즌 오픈'이라고 명하고 이와 관련된 책, 동영상, 영화, 굿즈, 체험, 만들기 등의 독후활동을 열심히 찾습니다. 엄마의 아주 오래된 업무는 단연코 '아이의 관심사 검색!'이지요. '비룡소 고전 클래식 라인'은 글씨도 작고, 두꺼운 편이기에 며칠 동안 걸쳐 읽어낼 수 있었던 힘은 책과 관련된 주제의 지속적인 활동 전개에 있었던 것 같아요.

매일 책 읽기를 위해 아이의 관심사가 보이는 주제를 검색하고 함께 만들고 체험하는 과정들이 '지속가능한 독서'로 이어지고 있습니다. 아이가 여러 번 읽으며 관심을 보이는 책은 엄마도 함께 읽으며 그 속에 나오는 등장인물, 장소, 사건 등을 매개로 알아보고 검색하고 찾아봅니다. 이렇게 '엄마의 아주 오래된 업무'를 보내는 시간이 켜켜이 쌓여 '읽는 어린이'로 한 걸음씩 나아가고 있는 중이지만, 여전히 엄마의 노력은 필요한 순간들이 옵니다. 동기부여가 떨어지고, 독서 지도에 대한 해답이 묘연할 때 '엄아독'의 코칭이 함께하면 순간순간마다 큰 힘이 되는 중입니다. '엄아독', 엄마와 아이가 함께 만들어나가는 독서 습관을 기르기 위해 참여한 책 읽기 프로젝트 속에서 엄마인 저도 조금 더 성장하는 '아이 독서 동반자'가 될 수 있도록 만들어준 시간들이 참 감사하게 느껴집니다.

선생님과의 만남 - 옥다바다맘 님(초등 3학년 엄마)

큰아이를 키우고 강산이 한 번 정도 변한 뒤의 교육은 어떻게 변화하고 있는지, 궁금하기만 했었습니다. 아이와 함께 책을 읽고 있지만 이게 맞는 건지 궁금하다가 블로그 글을 보고 엄아독을 알게 되었고, 온라인 속의 낯가림과 망설임이 있었지만 엄아독을 시작하게 되었습니다.

같은 책을 읽어주고 책을 통해 교감을 하면서 성장하는 모습에 반성을 하게 되었습니다. 큰아이도 책을 읽는 아이였지만, 바쁘다는 핑계로 책 읽는 모습만을 보았지 책을 통해 같이 대화는 하지 못한 것에 반성하며,

지금은 작은아이와 열심히 엄마독을 따라가고 있습니다.

　아이가 그리스. 로마 신화 만화책만을 무한 반복해서 읽고 있고, 어느 편에 무슨 이야기인지 외울 정도로 편식을 하는 것 같아 걱정될 때 편독에 지식확장이 있을 거라는 선생님의 조언을 듣고, 그리스·로마 신화의 얇은 책 또는 두꺼운 책 가리지 않고 읽고, 그림 그리고 영화 및 미디어 (유튜브&게임) 까지 노출을 해주었습니다. 그러다가 세계사로 확장하면서 별 보기 활동까지 연결이 되었습니다. 게임을 통해 별자리를 익히게 될 정도로 여러 방면으로 관심을 넓혀갔습니다. 책으로만 보고 게임으로만 보던 별들을 천문대에 다니면서 몸으로 체험을 하도록 안내해주었습니다. 그러면서 비문학 책을 읽기 시작 하면서 칼 세이건의『코스모스』를 자발적으로 읽고 싶다고 하여 도전을 해보았습니다.

　저 또한 어렵고 두꺼운 책이라는 느낌이었는데, 아이와 함께 읽다 보니 과학책이 아닌 철학책, 역사책처럼 다가왔고, 앞으로 우리가 지구를 어떻게 돌봐야 할지 고민을 하면서 지구로 관심을 옮겨가고 있는 중입니다. 독서에 답이 있으며, 창의성, 문해력에 대한 답이 책에 있다는 생각은 예전이나 지금이나 변함이 없습니다. 그리고 같이 교감하고 서로 대화하는 것을 더하는 엄마독과 같이 동행할 수 있음에 감사합니다.

　아이를 키우는 것에 정답은 없는 것 같습니다. 그렇지만, 온라인 독서모임을 통해 정답을 찾아가는 시간들 속엔 분명히 답이 있다고 믿고 있습니다. 선생님을 응원합니다.

목차

〈제1장〉 엄마표 문해력 왜 중요할까요?

〈제 2 장〉 아이 수준에 맞는 적기 독서를 하라 – 읽어주기

〈제5장〉 집에서 시작하는 엄마표 문해력 수업

엄마의 문해력 테스트

1. 다음중 아는 단어에 체크를 해 보세요. [점수 5점, 각 1점]
① 갈채하다.
② 힐책하다
③ 공대하다
④ 우매하다
⑤ 완연하다

2. 다음에 어울리는 어휘는 무엇인가? [점수 5점, 각 1점]
① 건강을 위해 편식을 (지양하자 / 지향하자)
② 삼촌은 우주 비행사가 (됬다 / 됐다)
③ 우리 아이들이 겨울 방학을 잘 지내기를 (바래 / 바라)
④ (왠지 / 웬지) 기분이 좋은 날이다.
⑤ 내 동생은 물건을 자주 (잊어버린다 / 잃어버린다)

3. 다음의 관용 표현이나 속담이 어떻게 해석되는지 적어 보세요. [점수 10점, 각 2점]

번호	관용 표현 / 속담	의미 짐작해 보세요.
1	딴죽을 걸다.	
2	몸을 풀다.	
3	어깃장을 놓다.	
4	혀 아래 도끼 들었다.	
5	아닌 밤중에 홍두깨	

4. 우리말의 설명이 잘못 쓴 것은? [점수 5점]

① 윤슬 : 햇빛이나 달빛에 비치어 반짝이는 잔물결

② 해거름 : 바다 위에 낀 아주 짙은 안개

③ 솔찬 : 소나무처럼 푸르고 옹골차게

④ 가람 : 강, '호수'의 옛말이다.

5. 다음은 초등학교 4학년 2학기 국어 교과서에 수록된 초등학교 폭력 피해 유형입니다. 그래프를 보고 알맞지 않은 것은? [출처 : 국어 4-2 교과서] [점수 10점]

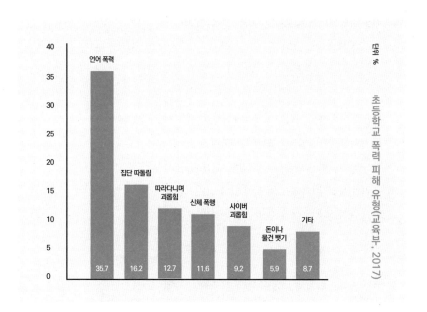

① 언어폭력은 집단 따돌림의 2배의 피해 유형이다.

② 돈이나 물건 뺏기의 피해 유형은 점차 감소하고 있다.

③ 신체 폭행 피해 유형은 10퍼센트를 넘었다.

④ 사이버 괴롭힘이나 따라다니며 괴롭힘 피해 유형은 언어 폭력에 비해 많지 않다.

6. 식물 재배기 시장이 성장하고 있다. 내용과 직접적 관련이 없는 키워드는? [점수 10점]

> 발명진흥회 지식재산평가센터에 따르면 국내 식물재배기 시장 규모는 2023년에 5천억 원에 이를 것으로 전망했다. 2020년 추산 규모는 600억 원이지만 미래 성장성을 높이 평가하고 있다. [출처 : 한국발명진흥회 지식재산평가센터]

① 인테리어 및 힐링 효과
② 신선하고 맛있는 채소 섭취와 편리한 채소 재배
③ 식물을 만지면서 세로토닌이라는 호르몬 분비
④ 어린이 신체 발달 효과

7. 문장에 어울리는 어휘를 고르세요. [점수 10점, 각 2.5점]
① 안 쓰는 물건을 (일괄 / 포괄) 삭제했다.
② 동물을 길들이기 위해서는 (교감 / 교섭) 이 필요하다.
③ 추위가 물러갈 (기색 / 기세)이 없다.
④ 학교 폭력 문제를 그저 (관망 / 전망)하면 안 된다.

8. 다음 속담을 완성해 보세요. [점수 10점, 각 2.5점]
① 겨울을 지내 보아야_____이(가) 그리운 줄 안다.
② 한 잔 술에 눈물 나고, 반 잔 술에 _____ 난다.
③ 가랑잎이 _____더러 바스락거린다고 한다.
④ 늦게 배운 _____이 날 새는 줄 모른다.

9. 위 기사에서 일본 정부의 행동을 표현한 사자성어로 적절한 것은? [점수 15점]

2022년 11월 6일 유엔 자유권규약위원회(CCPR)는 심의 보고서를 통해 "전범국 일본이 위안부 문제를 놓고 진전을 이루지 못했다."라고 지적하면서 3가지 권고 사항을 일본 정부에 제시했다. 이날 유엔의 권고가 내려진 이유는 위안부 피해자 배상과 공식 사과 등 진척 사항이 있느냐는 질문에 일본이 2년 전 제출한 답변을 그대로 되풀이했기 때문이다. 일본은 답변서에서 2015년 12월 한일 외교장관 회의에서 이뤄진 합의에 따라 위안부 문제는 최종적이고 불가역적인 해결을 본 것이라고 주장했다. [출처 : 《MBC 뉴스》 2022년 11월 6일 中]

① 사필귀정(事必歸正) ② 적반하장(賊反荷杖) ③ 후안무치(厚顔無恥) ④ 교언영색(巧言令色)

10. 문맥을 고려할 때 밑줄친 곳에 들어갈 말로 적당한 것은? [점수 20점]

경제협력개발기구(OECD)가 2020년 8월 11일 발표한 '한국경제보고서'에 의하면 "한국은 OECD에서 가장 높은 노인 상대빈곤률로 인해 전체 상대빈곤률은 OECD 국가 중에서 세 번째로 높고, 지니계수로 측정한 세후소득불평등도 일곱 번째로 높다"라며 "이는 다른 대부분의 OECD 국가보다 임금격차가 크고 소득 재분배는 제한적인 것에 기인한다."라고 밝혔다. 또한 "코로나 19 사태로 인한 실직은 정규직 근로자보다 비정규직 근로자에게 집중됐다."라며 이는 위기 시와 평상 시 모두에 대비한 사회안전망을 강화해야 할 필요성을 보여준다. 이러한 _____의 상황에서 재난 약자인 장애인과 노인 그리고 서민과 저소득 층은 무방비 상태에서 맨몸으로 버틸 수밖에 없다. [출처 : 2020 새화순 뉴스 中]

① 절치부심(切齒腐心) ② 각자도생(各自圖生) ③ 누란지위(累卵之危) ④ 분골쇄신(粉骨碎身)

정답

1.

① 갈채하다 : 외침이나 박수 따위로 찬양이나 환영의 뜻을 나타내다.

② 힐책하다 : 잘못된 점을 따져 나무라다.

③ 공대하다 : 공손하게 잘 대접하다.

④ 우매하다 : 어리석고 사리에 어둡다.

⑤ 완연하다 : 눈에 보이는 것처럼 아주 뚜렷하다

2.

① 지양하자. / ② 됐다. / ③ 바라. / ④ 왠지 / ⑤ 잃어버린다.

3.

번호	의미
1	이미 동의하였거나 약속했던 일을 딴전을 부리며 어기다.
2	아이를 낳다.
3	짐짓 반항하는 말이나 행동을 하다.
4	말을 잘못하면 재앙을 받게 되니 말조심을 하라는 말
5	약간 엉뚱한 말이나 행동을 함을 비유적으로 이르는 말

4. ② 해거름 : 해가 서쪽으로 넘어가는 일, 또는 그런 때

5. ②

6. ④

7. ① 일괄 / ② 교감 / ③ 기색 / ④ 관망

8. ① 봄 / ② 웃음 / ③ 솔잎 / ④ 도둑

9. ③

① 사필귀정(事必歸正) : 모든 일은 반드시 바른길로 돌아감.

② 적반하장(賊反荷杖) : 도둑이 도리어 매를 든다는 뜻으로, 잘못한 사람이 아무 잘못도 없는 사람을 나무람을 이르는 말.

③ 후안무치(厚顔無恥) : 뻔뻔스러워 부끄러움이 없음.

④ 교언영색(巧言令色) : 아첨하는 말과 알랑거리는 태도.

10. ③

① 절치부심(切齒腐心) : 몹시 분하여 이를 갈며 속을 썩임.

② 각자도생(各自圖生) : 제각기 살아 나갈 방법을 꾀함.

③ 누란지위(累卵之危) : 층층이 쌓아 놓은 알의 위태로움이라는 뜻으로, 몹시 아슬아슬한 위기를 비유적으로 이르는 말.

④ 분골쇄신(粉骨碎身) : 뼈를 가루로 만들고 몸을 부순다는 뜻으로, 정성으로 노력함을 이르는 말.

엄마의 문해력 테스트 결과

◆ 100점~70점 : 높은 수준의 문해력을 갖춘 전략 독서인입니다. 조금 더 높은 수준의 독서를 하며, 아이에게도 문해력을 선물해 주세요!

◆ 30점~70점 : 문해력이 평균 수준의 이해를 갖추었습니다. 능동적으로 책을 읽으며 놓친 부분을 찾아보세요!

◆ 30점 이하 : 문해력이 보통입니다. 아이와 함께 다양한 책을 읽고 확장해서 이해하는 연습을 해 보세요!

엄마표

문해력

왜

중요할까요?

1.

엄마가
문해력까지
챙겨줘야 하나?

2021년 한국교육과정평가원이 발표한 'OECD 국제 학업성취도 평가 연구' 보고서에 따르면 한국 학생의 '읽기 영역' 성취도가 크게 낮아졌습니다. 만 15세 학생들을 대상으로 실시되는 국제 학업성취도평가(PISA)에서 우리나라는 2009년 526점에서 2018년 513점으로 하락했습니다.

EBS에서 전국 중학교 3학년 2,405명을 대상으로 문해력 평가를 실시한 결과를 보면 27%의 학생이 문해력 미달 수준을 보였으며 초등학생 수준을 보인 학생도 11%에 달했습니다.

문해력 부족에 대한 자료는 통계뿐 아니라 사례들도 차고 넘치는 수준입니다. 얼마 전 서울의 한 카페에서 올린 "심심한 사과 말씀 드린다."라는 공지문이 논란이 되기도 했습니다. 왜냐하면 '심심한 사과'를 두고 왜 사과를 심심하게 하냐며 불쾌감을 드러내는 댓글이 여러 개 달렸기 때문입니다. 마음의 표현 정도가 매우 깊고 간절하다는 걸 뜻하는 '심심하다'를 '재미없고 따분하다'는 의미로 잘못 이해한 것이지요. 코로나19 바이러스가 한창 기승일 때는 인터넷 검색창에 '음성, 양성'이 핫 키워드로 뜬 적도 있습니다.

중학교 아이들에게 "피가 유혈낭자했다."라는 예시를 들었는데, "유희열은 남자 맞아요."라는 답을 한 사례도 있습니다. "금일까지 과제를 제출해주십시오."라는 교수의 공지 속 '금일'을 '금요일'로 이해해 마감일을 지키지 못한 대학생의 사례부터 '사흘'을 '4일'로 알고 항의한 일까지 사례를 나열하자면 끝이 없습니다.

OECD에 따르면 우리나라 사람 중 읽은 문장의 뜻을 정확히 파악하지 못하는 이른바 '실질 문맹률'이 75%에 이른다고 합니다. 문해력의 차이는 단지 세상을 이해하는 능력이 떨어지는 것에 그치지 않습니다. 국제성인역량조사(PIAAC)에 따르면 높은 수준의 문해력(상위 11.8%)을 갖춘 사람은 문맹을 갓 면한 정도인 사람(최하위 3.3%)보다 평균 시급이 60% 이상 높다고 합니다. 문해력이 낮다는 것이 단지 낮은 시험 점수나 엉뚱한 소통을 넘어 우리 아이들의 미래의 삶에도 영향을 미친다고 생각하면 아찔해집니다.

그렇다고 집에서 아이의 문해력을 위한 노력까지 하려고 하니 가슴이 답답해지는 게 현실입니다. 엄마표 영어다, 엄마표 수학이다! 엄마가 해야 할 일이 이미 너무 많기 때문이지요. 게다가 문해력은 모국어 영역이니 놔두면 알아서 길을 찾아가지 않을까 하는 기대감도 있습니다. 한글을 깨치고, 읽기 독립도 되었으니 책을 읽을 환경만 만들어주면 알아서 굴러가길 바라지요. 그러다 대부분의 엄마들이 초3이 되면 아이의 현실을 마주하고 어디서부터 잘못된 것인지 답을 찾지 못해 방황합니다.

서연이 엄마도 그런 사례였습니다. 서연이는 어렸을 때부터 책 읽기를 좋아했습니다. 주말마다 아이와 함께 도서관에서 가서 책을 한아름 빌려오며, 늘 아이 곁에는 책이 있는 환경이 있었습니다. 책을 빌릴 때도 엄마가 골라주는 책이 두 권이라면 아이가 스스로 고르는 책 한 권을 꼭 넣어 억지로 책을 읽게 하지 않으려고도 노력했습니다. 책 읽기가 재미있다는 아이의 말에 국어 실력만큼은 크게 신경 쓰지 않아도 되겠다고도 생각했습니다. 그런데 아이가 초등학교에 가면서부터 뭔가 잘못되고 있다는 생각이 조금씩 들었습니다.

아이는 독서록 쓰기를 무척 싫어했습니다. '우리 아이는 책 읽기를 좋아해.'라는 생각을 가지고 있던 서연이 엄마에겐 의외의 일이었지요. 그뿐만 아닙니다. 1학기 상담 전화에서 서연이가 세 줄 이상을 쓰지 못한다는 선생님의 이야기를 들었습니다. 선생님은 서연이가 수학 시간에 문제를 풀어보라고 시키면 늘 혼자서 끙끙대고 있는 몇 명의 아이 중 한 명이라는 말도 덧붙였지요. 머리가 멍해진 서연이 엄마는 당장 수학 진도를 선행할 수 있는 문제집을 장바구니에 넣었습니다. '대체 뭐가 문제일까? 수학일까 국어일까? 뭘 놓치고 있는 거지?'

책을 좋아하는 것과 잘 읽는 것은 다르다

"책을 잘 읽는 것 같은데 왜 글을 못 쓸까요? 책을 읽는 건 좋아해요. 그런데 이해하며 읽는 건지는 모르겠어요."

서연이 엄마는 저를 찾아와 이와 같은 푸념을 하며 책 읽기와 문해력의 상관관계를 궁금해했습니다. 비단 서연이 엄마의 고민만은 아닐 것입니다. 어째서 학교에 들어가면 문해력이 문제가 되는 것일까요? 이유는 책을 좋아하는 것과 책을 잘 읽는 것이 다르기 때문입니다. 책을 잘 읽기 위해서는 단어와 문장의 의미, 표면적인 뜻과 숨겨져 있는 의도 등을 파악하며 읽는 능력이 있어야 합니다.

책을 읽는다고 저절로 문해력이 높아지는 것이 아니라는 뜻입니다. 책을 눈으로만 읽거나 대충 읽었을 때는 기억에 남는 것이 없을 수 있습니다. 책을 읽으면서 내용을 파악하며 이해하고자 해야 합니다. 이야기책을 읽으면서 주인공의 마음을 이해하고, 등장인물 사이에서 일어나는 갈등을 파악하며 사건의 원인과 결과를 파악해야 합니다. 또 '나라면 어떻게 할 것인지…' 생각하면서 책의 주제와 나의 상황을 연계시킬 수도 있어야 합니다.

지식, 정보책을 읽을 때는 모르는 내용과 아는 내용을 구분하면서 모르는 어휘를 찾아보고 지식이나 정보의 원리를 배워야 합니다. 그저 눈으로 글자를 읽는 수준을 넘어 책을 읽으면서 어휘를 익히고 주제를 이해하는 과정을 끊임없이 거쳐야 문해력이 높아지는 것입니다.

엄마표 문해력이 필요하다

문해력의 사전적 정의는 글을 읽고 이해하는 능력으로, 이는 곧 상황을 판단하고 문제 해결할 수 있는 방법을 의미합니다. 즉, 문해력이란 책을 읽고 글을 쓰는 능력이며, 어휘나 배경 지식을 익히고, 상황에 맞게 적절하게 써먹는 능력입니다.

엄마라는 자격증이 있고, 엄마가 되는 수업이 있으면 얼마나 좋을까요? 아이의 성장과 저의 성장 두 마리 토끼를 잡을 수 있겠다는 생각에 독서 논술 교사가 되었지만, 생각만큼 녹록지 않았습니다. 아이는 엄마에게 가르침 받는 걸 좋아하기도 했지만 싫어하기도 했습니다. 더구나 내 아이를 수업하는 아이들과 똑같이 가르치는 것도 어려웠기에 자꾸 후순위로 밀렸습니다. 정체 현상이 이어지던 어느 날 아이에게 억지로 독후활동지를 건네는 것을 멈추었습니다. 집에서 엄마가 할 수 있는 문해력의 핵심은 무엇일까에 대한 답을 찾았기 때문입니다.

제가 찾은 작은 실마리가 여러분 가정의 아이에게도 적용되었으면 합니다. 엄마의 역할은 경계선이 참으로 모호합니다. 그래서 수많은 엄마들이 엄마표 활동을 하면서도 자주 방향을 잃습니다. 그럼에도 저는 엄마표 영어, 수학, 과학보다 엄마표 문해력만은 꼭 엄마가 해줘야 한다고 강조하고 싶습니다. 엄마가 공부를 해서 아이에게 설명을 해줘야 하는 다른 과목에 비해 문해력은 일상에서 놀이하듯 자연스럽게 엄마가 심어줄 수 있기 때문입니다. 엄마의 수고가 조금만 들어가면 문해력이 높아지고 다른 과목의 성적은 물론 세상을 이해하는 능력도 높아지니 여러모로 보아도 하지 않을 이유가 없는 활동입니다.

2.

엄마표
문해력이란
무엇일까?

　문해력은 공교육이나 사교육에만 의지하지 않는 게 필요합니다. 공교육에서 교육하는 내용으로 아이의 교육 수준이 다 채워지면 좋겠지만, 공교육만으로는 부족합니다. 교과서를 배운 같은 학년의 아이들이 모두 다른 이해 상황을 가지고 있기 때문이지요. 학교 선생님은 친절하게 수업을 진행하시지만 25명 아이들 중에서는 수업 내용을 100% 이해한 아이도 있고, 50%나 70%만 이해한 아이도 있습니다. 이해를 못한 아이들이 있더라도 수업은 진행이 됩니다. 수업 시간에 혼자 이해를 하지 못하고 끙끙대는 아이가 내 아이라고 생각하면 가슴이 무너집니다. 저는 책 읽기와 글쓰기를 가르치는 사교육 교사로 살고 있지만, 가정에서 돌보지 않는 문해력에는 한계가 있다고 말씀드립니다.

초등학교 때까지 교과를 잘 따라가서 걱정이 없었던 중학교 2학년 가람이 엄마는 여름방학이 되자 마음이 급해졌습니다. 자율 학기제로 중학교 2학년이 되어서야 처음 중간고사와 기말고사를 치렀는데, 그 결과가 좋지 않았기 때문입니다.

"서경이 알죠? 걔랑 우리 가람이가 같은 학원에 다니거든요. 사실 집에서 푸는 문제집도 서경이네 엄마가 좋다고 한 걸 따라 사서 풀게 하고 있어요. 같은 학원에 같은 문제집에 집에서 공부하는 시간도 비슷한데…. 서경이는 반에서 1등을 했다고 하는데 왜 우리 가람이만 떨어지는지 정말 걱정이에요."

문제를 잘 이해하지 못하는 건 아닐까 고민이 되고, 공부 방법에 문제가 있는 것은 아닐지도 고민이 된다고 했습니다.

서경이와 가람이의 결정적 차이는 무엇이었을까요? 저는 문해력이 원인이었을 거라고 자신 있게 말합니다. 아마 가람이는 문제를 이해하지 못해 시험을 잘 치르지 못했을 것입니다. 문해력은 읽고 쓰는 능력을 넘어서 의미를 이해하는 능력입니다. 문해력이 떨어지면 책이나 교과서를 읽을 수는 있어도 중심 내용이나 관련한 문제를 제대로 파악하지 못하는 경우가 많습니다.

초등학교 저학년 때는 다들 비슷해 보입니다. 그러다가 고학년이 될수록 수학, 사회, 국어 과목이 점점 어려워져 차이가 발생합니다. 수업 내용을 잘 이해하지 못해 수업 시간에 집중하지 못하기도 합니다. 문제를 풀 때 엉뚱한 답으로 표시하기도 합니다. 이런 격차가 조금씩 벌어지면 학원, 과외 등의 사교육을 해도 집중을 못하고 이해를 못합니다. 이해가 안 되니 수업 시간이 지루해지고 교과서에 낙서하거나 그림을 그리는 딴 짓을 하게 됩니다. 이는 필연적으로 학습 부진으로 이어집니다. 나중에 가면 잘하지 않을까 막연하게 생각할 게 아닙니다. 아이가 어려움을 겪지 않게 도와주어야 합니다.

세상을 읽는 능력, 엄마표 문해력

문해력을 넓게 정의하면 세상을 파악하는 힘입니다. 엄마표 문해력의 가장 큰 목표는 아이들이 세상 속에서 마음이 단단하고 건강하게 살아갈 수 있도록 하는 것이지요. 엄마표 문해력에는 단지 성적을 잘 받기 위해 책을 읽히는 것이 아니라 삶을 잘 살게 하려는 엄마의 마음이 담겨 있습니다.

예를 들어 길거리에서 쓰레기를 청소하며 열심히 일하는 사람들을 보고 어떤 생각을 하느냐에 따라 그 아이의 문해력을 가늠할 수 있습니다. 더럽고 하찮은 일을 하는 사람이라고 생각하여 무시하는 아이가 있을 수 있습니다. 반면 고맙고, 감사한 분이라고 생각하는 아이도 있을 수 있습니다. 길거리 청소하시는 분께 감사한 마음이 드는 아이는 삶을 해석할 능력이 있습니다. 자신만 생각하지 않고, 다른 사람의 노력이나 아픔에 공감하는 것이기 때문입니다. 생각을 잘 표현한다는 것은 국어, 수학 과목의 답을 적는 게 아니라 세상에 대해 이해하는 것입니다. 아프가니스탄의 피난 가는 사람들을 보며 안타까워하기도 하고, 폭우로 피해 입은 사람들을 보면서 가슴 아파하는 것입니다. 사람들의 심정에 공감하고 그들과 소통하는 것이지요. 학교 폭력 문제가 생겼을 때 나오는 상관없는 이야기라고 고개를 돌리는 게 아니라 학교 폭력 당사자의 마음을 생각해 볼 수 있어야 합니다. 문해력은 다른 사람의 아픔을 이해하는 방식이기도 합니다. 다른 사람의 아픔을 이해하면 길고양이에게 발길질하거나 학교 친구를 괴롭힐 수 없습니다. 저는 저와 우리 아이들이 이 세상을 이해하는 힘을 가지면서 성장하기를 바랍니다.

세상에 대한 이해를 할 수 있을 때 책을 읽어도 이해가 되고, 등장인물의 마음에도 공감합니다. 다시 말해 엄마표 문해력은 글을 읽고 해석하는 능력뿐만 아니라 행간의 의미를 읽고 세상에 적용할 수 있는 능력을 키워주는 것입니다. 가장 많은 시간을 함께 하는 엄마가 잘 키워줄 수 있습니다.

엄마표 문해력의 출발은 대화하는 것입니다. 아이와 함께 책을 읽고 "무슨 내용이야? 줄거리가 뭐야?"라는 질문보다 "뭐가 웃겼어? 아까 그 장면은 슬프더라." 등의 엄마가 읽은 감정을 먼저 표현하고자 했습니다. 그렇다면 엄마가 어떻게 문해력을 키워줄 수 있을까요? 단지 아이에게 권장도서 목록의 책을 권하고 글쓰기를 시키면 되는 걸까요? 아닙니다.

엄마가 선생님처럼 강압적으로 하거나 빨간펜을 들면 아이들이 기가 죽습니다. 책을 함께 읽는 동안 엄마와 아이의 정서적 관계가 가장 중요하다고 생각했습니다. 아이는 엄마를 통해 세상을 바라봅니다. 아이를 다그치다가 관계가 망가지면 엄마표든 문해력이든 뭐든 못 하게 됩니다. 엄마표 문해력을 키우기 위해서는 엄마와 아이의 좋은 관계가 전제되어야 합니다.

저는 즉시 따라 할 수 있는 엄마표 문해력 실천법으로 책 읽어주기, 대화하기, 짧은 글쓰기 이 3가지를 추천합니다. 엄마 입장에서는 글쓰기 책을 던져주고, 독해 문제집을 사서 풀리는 것이 제일 편하고 쉬운 방법이겠지요. 제가 말하는 책 읽어주기, 아이와 대화하기는 어쩌면 많은 부모님들이 가장 어려워하는 일일지도 모릅니다. 엄마의 시간과 정신을 쓰는 일이니까요. 하지만 저는 현장에서 아이들을 만날수록 제 생각이 옳다는 것을 확신했습니다.

독서 교실에 다닌 6학년 동현이는 학교 교과도 잘 따라가고 선행학습으로 영어, 수학 과목도 공부하고 있었으며, 책도 제법 잘 읽는 아이였습니다. 다만, 엄마의 학습적 압박이 높다 보니 스트레스가 많은 편이었습니다. 학습 능력은 좋았지만, 세상에 대해서는 다소 삐딱한 시선을 가지고 있었습니다. '나만 잘되면 되지.'라는 생각으로 친구들에 대해서도 비난을 많이 했습니다. 엄마가 하라는 대로는 잘했지만, 엄마와 정서적으로 친밀하지 못했고 이로 인해 자신의 마음을 잘 다루지 못해 안타까웠습니다.

동현이는 공부는 잘했지만, 문해력이 낮았습니다. 동현이가 공부를 잘한 이유는 초등학생의 공부는 주입식으로도 가능하기 때문입니다. 학교 공부를 따라가며 매일 푸는 학습지만으로도 초등학생은 공부를 잘 할 수 있습니다. 학원에서도 문제 유형을 빠르게 파악하고 답을 적는 훈련을 시키기 때문에 공부를 잘할 수 있게 되기도 합니다. 문제지나 학원에서는 독해법 훈련을 시킵니다. 독해법은 문장을 이해하는 데 급급하게 되기도 합니다. 하지만 문해력은 다릅니다. 문해력은 공부뿐만 아니라 아이의 일생에 영향을 미칩니다. 문해력은 삶을 해석하는 것과 관련이 있어서 어떤 인생을 살아가는지 달라지기 때문입니다.

아이들이 스스로 계획하고, 깨닫고, 목표를 세우기도 하는 과정 속에서 "나 오늘도 하루를 잘 보냈어."라는 마음을 갖게 해야 합니다. 아이가 자신을 소중하게 여기며 자신의 마음을 다져나가고 다른 사람들에게도 시선을 돌릴 수 있어야 합니다. 문제집을 풀거나 영어 단어를 외우는 것보다 가치 있는 일입니다. 나와 세상의 방향을 고민하는 주사위를 던져주는 일이 무엇보다 중요합니다. 동현이 엄마가 아이의 학습 스트레스를 줄여주고 마음을 잘 살피고 동현이 스스로도 그럴 수 있게 되면 문해력도 올라갈 것입니다. 엄마와의 관계가 좋아지는 것은 덤이겠지요.

엄마표 문해력은 책을 읽고 행복에 대한 가치를 찾아가고 있는 과정입니다. 엄마가 세상을 바라보는 창과 아이가 사회를 바라보는 창이 함께 성장하기를 바랍니다. 엄마와 함께 책을 읽으며 아이가 세상을 바라보는 힘, 즉 문해력도 서서히 키워지리라 기대합니다.

3.

엄마표
문해력이 주는
3가지 선물

　문해력을 키워주기 위해 아이가 원하는 책 한 권 읽어주기부터 시작했습니다. 아이에게 좋아하는 책을 몇 권 만들어주고, 스스로 책을 좋아하는 아이라는 생각을 하게 하는 것을 목표로 했습니다. 오늘은 어떤 책을 읽을까? 함께 고민했습니다. 아이는 책을 읽으면서 세상을 체험하고, 경험을 만들었습니다. 저희 아이들은 책을 쌓아 놓고 읽거나 읽기 독립을 일찍 하지 않았습니다. 하지만 아이들은 스스로 책을 좋아한다고 이야기합니다. 이렇게 저희 아이들이 책을 좋아하는 아이들로 크고 있는 이유는 책이 일상에서 놀이처럼, 생활화되어 있기 때문입니다. 어렸을 때는 의성어, 의태어를 활용한 놀이를 하였고, 엄마의 목소리로 그림책 속 소리와 모양들을 전달했습니다. 그림책 속에는 실감 나는 표현들이 많습니다. 강조하고 반복되는 말들을 재밌게 읽고, 직접 흉내 내었습니다. 재미있게 놀이하는 수준이었지만 이러한 활동들이 유아기에 언어 구조를 만드는 데 도움을 주었습니다. 자음과 모음의 소릿값을 이해하면 음소를 분해하거나 조직할 수 있는 능력이 생기는데 이를 음운론적 인식이라 합니다. 음운론적 인식은 만 4세에 급성장하기 시작한다고 합니다. 그래서 유아기에 엄마가 소릿값으로 놀아주는 게 중요합니다. 아동기 언어 발달 이론 중 음운론적 발달은 자음과 모음을 구분하고, 발음과 억양을 구사하는 능력을 키우거나 대화의 흐름 속에서 낱말이 연결되어 문장을 구성하는 음운론적 규칙을 터득하는 것입니다. 따라서 말놀이를 통해 소리를 빼거나 더하면서 소릿값을 이해하게 됩니다.

함께 노는 것이 엄마표 문해력의 시작

아이들이 어렸을 때는 칠교놀이나 구슬 퍼즐처럼 값싸고 오래 활용할 수 있는 교구를 사용했습니다. 주말마다 보드게임을 꺼내 와서 몇 시간씩 놀았습니다. 이러한 교구와 보드게임이 유아 시기의 문해력 향상의 도구이지 않았던가 싶습니다. 엄마가 보드게임의 규칙을 설명해주었고요. 아이들은 놀이나 게임을 통해 스스로 이해한 것이 맞는지 확인하였습니다. 자기가 이해한 규칙을 서로 연결 지으며 맞는지 표현하는 것이 문해력입니다. 제가 독서 논술 수업을 하다 보면 모르는 어휘를 무시하고 그대로 넘어가는 아이들이 있습니다. 어휘 하나를 모른다고 해서 책을 이해 못 하는 건 아닙니다. 하지만 어휘를 이해하고 자신의 말로 표현하는 작은 시도가 문해력과 연결이 됩니다. 아이들이 어렸을 적 보드게임을 가지고 와서 놀았던 경험은 자신이 이해한 방식의 규칙을 표현하고 연결 짓는 방식이었던 겁니다.

책을 통한 놀이로 말놀이도 했습니다. 입에서 나온 어휘를 이용해 퀴즈를 내고, 거꾸로 말을 하기도 하였습니다. 서현 작가님의『눈물바다』의 "눈물바다"를 거꾸로 읽으면 "다바물눈"이 되었습니다. 제일 많이 했고 지금도 많이 하는 놀이는 끝말잇기입니다. 끝말을 잇다가 가운데 말을 잇기도 했습니다.

우리 아기 잘도 잔다 / 멍멍개야 짖지 마라 / 꼬꼬닭아 울지 마라
해야 해야 나오너라 / 김칫국에 밥 말아먹고 / 눈 붙이고 나오너라
해야 해야 나오너라 / 김칫국에 밥 말아먹고 / 장구치고 나오너라

이와 같은 말놀이를 들려주면 자장가가 되었고, 어느 날은 노래도 되었습니다. 이처럼 엄마표 놀이는 문해력의 기초가 되었습니다.

유아기 때는 누구나 그림책을 읽어주지만, 초등학교 입학을 하고 나면 아이에게 책을 읽으라고 합니다. 엄마는 마치 해방이라도 된 듯 책 읽

어주기를 멈춥니다. 혹은 문제집을 들이밀고 채점하며 틀린 문제를 함께 푸는 선생님으로 돌변하기도 합니다. 아이는 이제 더 생각의 나래를 확장할 수 있는 나이가 되었는데, 엄마는 그 생각의 나래를 문제집에 가둡니다.

제가 이렇게 말을 하면 많은 분들이 "언제까지 책을 읽어줘야 하나요?"라고 질문합니다. 저는 아이가 원할 때까지 계속 읽어야 한다고 답합니다. 책을 소리 내어 읽어주면 아이는 편안함을 느끼며, 엄마는 아이가 잘 이해하고 있는지도 알 수 있습니다. 책을 읽어줄 때는 어휘력 발달에 신경을 써야 합니다. 모르는 어휘가 있는지, 어휘의 속뜻을 잘 파악하고 있는지, 한자어가 섞여 있을 때 의미를 유추하고 있는지를 살피고 모르는 것은 적절한 예를 들어가며 설명해야 합니다. 만약 아이가 혼자 읽고 싶어 할 때는 소리 내어 읽는 것부터 하게 합니다. 소리 내어 읽어야 발음을 정확히 익힐 수 있고, 모르는 어휘도 놓치지 않기 때문입니다.

초등까지는 해야 할 읽어주기

책 읽어주기가 어렵다면 적어도 초등 시기까지는 해보라고 말씀드립니다. 초등 시기 문해력이 아이의 인생에 있어 매우 중요하기 때문입니다. 문해력이 좋은 아이들은 학교 수업 시간에도 집중을 잘하고, 교과서도 잘 읽게 됩니다. 그러나 문해력이 부족하게 되면 교과서의 내용이 어려워지고 수업 시간에 집중을 하지 못하게 됩니다. 이는 초등 저학년 때는 눈에 띄지 않지만, 고학년으로 올라갈수록 점점 드러납니다. 고학년에는 국어 과목 외에 사회, 과학 과목에서 한자어가 많이 나오면서 모르는 어휘가 늘어나지요. 선생님 설명을 들을 때 모르는 어휘가 있으면 이해를 하지 못하게 됩니다. 어휘의 의미를 바탕으로 해서 추론이 이루어지는 경우가 많은데 추론 능력이 떨어지니 교과서를 읽는 데 어려움이 발생하게 됩니다. 학습 자신감을 잃은 아이가 삶의 다른 부분에서 자신감을 갖기는 그렇게 쉬운 일이 아닙니다.

아이와 함께 책을 읽으면 공통의 대화 주제가 생깁니다. 『개구리와 두꺼비는 친구』, 『착한 친구 감별법』 등의 친구가 나오는 책을 읽으면서 학교에서 있었던 일을 이야기 나누었습니다. 아이가 친구와 쪽지를 주고받은 내용, 친구의 겉모습을 보고 오해했는데 알고 보니 착한 친구였다는 등의 이야기를 나누었지요. 아이가 좋아하는 책을 찾아보고, 독서 환경을 만들어주고, 소리 내어 읽어주었습니다. 문해력의 뿌리는 아이가 어릴 때부터 자라납니다. 책을 읽어주고 아이가 얼마나 잘 이해하고 있는지 대화를 했고, 엄마의 책 읽어주는 소리를 들으며 아이가 매일 자라게 하였습니다.

말로 하고 글을 쓰면 마음을 단단하게 하는 강력한 힘이 생깁니다. 매일 같은 시간에 책을 읽고, 엄마와 이야기 나누거나 글을 쓰는 것. 자신만의 방법으로 좋아하는 책을 찾고 책 속의 내용을 질문으로 만들며 나를 이해하는 것, 책 속의 어휘를 이해하며 세상에 적용해보는 일이 문해

력을 키우는 데 도움을 줍니다. 엄마이기에 책의 정서를 아이에게 심어
줄 수 있습니다.

엄마표 문해력의 효과 3가지

엄마표 문해력을 실천하면 다음과 같은 효과가 있습니다. 첫째, 아이
가 소릿값을 인식할 수 있는 시간이 생깁니다. 엄마가 책을 읽어주면 자
음과 모음의 소리를 듣게 되므로 글자와 소리의 관계를 인식하게 됩니
다. 예를 들어 강아지라고 하면 ㄱ과 ㅏ와 ㅇ이 합쳐져서 '강'이라는 소리
가 나는 것을 이해하게 됩니다. 저는 아이들에게 책을 읽어주며 친구 중
에 강으로 시작하는 이름을 알려주면서 강아지의 강과 같다고 이야기를
나누었습니다. 아이들에게 친숙한 친구나 가족의 이름으로 글자와 소리
의 관계를 이해하게 되는 겁니다.

둘째, 생각하는 힘을 기를 수 있습니다. 책을 읽고 엄마에게 질문하며
자신의 경험을 연결시키기 때문입니다. 요즘 아이들이 생각하길 싫어한
다는 하소연을 많이 듣습니다. 실제로 영상에 익숙한 요즘 아이들은 학
습도 영상으로 하는 경우가 많습니다. 그 때문일까요? 책을 읽는 것조차
캐릭터를 소비하고 이야기를 소비하는 행위에서 머무르는 경우를 종종
보았습니다. 한번 보고 나면 휘발되는 콘텐츠로써 읽는 행위를 뛰어넘게
하는 것은 엄마의 적절한 질문입니다. 좋은 질문이 아이의 생각하는 힘
을 길러줍니다.

셋째, 책 읽기가 짧은 글쓰기로 이어지면서 글을 쓰는 대로 자신을 만들어갈 수 있습니다. 글을 쓰다 보면 고민을 한 번 더 하게 됩니다. 책 읽기로 끝나는 게 아니라 자신이 원하는 것을 책 속에서 찾아보고 글로 적는 과정입니다. 자신이 살고 싶은 방향을 만들어갈 수 있습니다.

4.

무엇보다
책과 친해지기가
먼저다

"어떤 책을 읽혀야지 아이들이 책을 잘 읽어요?"

아이들을 어떻게 지도하고 있느냐는 질문을 받을 때가 많습니다. 첫째 아이와 둘째 아이가 다르고 아이가 10명이면 10명의 아이들이 다르기 때문에 어떻게 해야 책을 잘 읽게 되는지에 대한 답도 다를 수밖에 없습니다. 무조건 많이 읽게 하는 게 좋을까요? 저도 집에서 아이들과 책으로 징검다리를 만들어서 놀기도 하였고, 책 탑을 쌓으면서 하는 놀이도 해보았습니다. 하지만 매일 매일 책 탑 쌓기를 하면서 놀 수는 없지 않은가요? 아이들에게는 아이들만의 속도가 있다고 생각을 했습니다. 유아 시절에 다양한 책을 읽는 것은 좋지만 무조건 많은 책보다는 아이가 일상 생활을 하면서 책을 자연스럽게 여기고, 스스로 책을 좋아하는 아이라고 생각하기를 바랐습니다.

독서 교실에 오는 아이들 가운데에는 책을 좋아하는 아이들도 있었지만, 책 읽기가 습관이 안 되어서 힘들어하는 아이들도 있었습니다. 그때 제일 먼저 하는 일은 아이가 책과 친해지도록 도와주는 것입니다. 일주일에 한 번 수업에 오는 아이에게 아이가 좋아할 만한 책을 한 권씩 빌려주었습니다. 아이는 수업에서 다루는 책 외에도 선생님이 빌려주는 책을 좋아하였습니다. 한 작가의 책을 시리즈로 빌려주기도 했고, 아이들이 좋아하는 시리즈를 한 권씩 순서대로 빌려주기도 했습니다. 아이들은 이 과정을 거치면서 스스로 책을 좋아하는 아이가 되어갔습니다.

제각각 다른 성향을 인정하라

수업에서 활용하려고 만들었던 자료를 두 아이에게 내밀곤 했었습니다. 그러나 아이의 관심사가 맞지 않은 주제에 대해 엄마가 많은 자료를 들이민다고 해서 저절로 아이가 활동들을 해내지는 않았습니다. 그러다 보니 수업 활동에서 하는 자료를 아이들에게 적용하겠다는 마음은 애당초 들어맞지 않게 되었습니다. 많은 자료와 독후활동의 내용, 만들기 수업 등을 통해 아이들을 지도하겠다는 엄마의 의도는 맞아 들어가지 않았던 거지요. 대신 아이들은 모두 제각각 다른 성향을 가지고 있다는 것을 깨닫는 게 엄마표 문해력의 출발점이라는 걸 이해하게 되었습니다.

아이들에게 책 한 권을 읽어줄 시간을 내기도 힘들었던 시기도 있었습니다. 일이 너무 바쁘다는 핑계로 하루 이틀 책을 읽어주지 않고 알아서 읽으라고 내버려두는 시기였습니다. 하지만 아이는 혼자 책을 꺼내 읽는 것보다 엄마와 함께 책을 읽는 과정을 좋아하였습니다. 아이들은 엄마가 책 읽어주는 시간을 좋아하는 편입니다. 엄마의 따뜻한 품 안에서 엄마의 목소리를 들으면서 살을 부대끼고 눈으로는 그림을 보는 그 맛을 좋아하는 것입니다. 책을 던져주기만 한다고 이 과정이 저절로 이루어지지는 않는다는 것을 머릿속으로는 알고 있었는데 이론이 현실로도 입증되는 시기였습니다. 서우는 일곱 살까지 예민하고 섬세한 아이였습니다. 어린이집 선생님 말투의 변화에도 반응하고, 엄마와 함께 있고 싶어서 7세까지도 종종 등원 거부하던 아이였습니다. 엄마와의 소중한 시간을 그리워하는 아이에게 책을 알아서 읽으라고 했다니 지금 생각해보면 말이 안 되는 상황이었습니다. 둘째 아이만을 위한 책을 많이 구매하지 않았었습니다. 안 되겠다 싶었습니다. 둘째 아이를 위한 적극적인 책 읽어주기를 했고, 독서 환경을 만들었습니다. 아이에게 맞는 책을 준비해주고, 아이를 위해 좀 더 시간을 내었습니다.

"이것 모두 제 책이에요? 오빠 책 아니고요?"

둘째 아이만을 위한 새 책을 준비하자 아이의 기쁨은 배가 되었습니다. 아이가 태어나는 순간부터 책장에 꽂혀 있는 책이 아니라 택배 아저씨가 선물해주는 상자에서 책이라는 선물이 한 권, 한 권 나오자 아이는 자기만의 책이라는 즐거움을 누렸습니다. 많은 책을 새로 사주지는 않았습니다. 단지 아이만을 위한 특별한 선물이라는 느낌이 드는 책 몇 권만으로도 충분했습니다. 엄마표 문해력을 하는 것은 아이의 마음을 책으로 얻는 것입니다. 책장에 책이 꽂혀 있기만 하면 아이가 책을 저절로 좋아하게 되지는 않습니다. 아이만을 위한 책이 마음을 여는 데 좋은 역할을 했습니다. 집에 책이 많은데 아이가 책을 좋아하지 않는다면, 책장에 있는 책 중에서 아이의 마음을 움직이는 책은 몇 권인지 살펴봐야 합니다.

읽기 독립이 목표가 아니다

엄마표 문해력을 시도할 때는 아이가 좋아할 만한 책을 같이 고르고, 소리 내어 읽어주는 것부터 시작하시길 바랍니다. 지은이는 여섯 살 때 저에게 왔습니다. 유아 시기에는 이사 다니느라 엄마가 신경을 많이 못 써주어서 책을 많이 읽지 못했다고 했습니다. 저는 지은이가 좋아할 만한 책을 우선 추천했습니다. 아이가 곤충과 자연을 좋아했기에 책을 읽으면서 곤충을 체험하고 경험을 만들었으며, 실제 관찰로 이어지는 하루가 쌓였습니다. 오늘은 어떤 책을 읽을까? 엄마와 아이는 매일 행복한 고민을 했다고 합니다. 책을 쌓아놓고 읽지는 않았습니다. 다만 한 권의 책을 읽고, 이야기를 나눈 것이 전부였습니다.

엄마표 문해력은 읽기 독립을 시키는 게 아닙니다. 아이가 책을 좋아하도록 환경을 만들어주는 것입니다. 한글을 읽을 수 있고, 읽기 독립이 되었다고 해서 책 읽기를 멈추게 되면 아이는 책에 나온 글자를 해독하느라 책의 재미를 느끼지 못하게 됩니다. 책의 즐거움을 느끼기도 전에 글자를 읽느라 시간을 보내게 됩니다. 지은이는 하루에 한 권으로 책의 즐거움을 찾았습니다. 아이가 읽고 싶어 하면 왼쪽 페이지는 엄마가 읽어주었고, 오른쪽 페이지는 아이가 읽게 했습니다. 아이는 엄마의 목소리에 까르르르 소리를 내며 웃음을 터뜨리고, 엄마는 아이의 목소리를 차분히 들었습니다. 살을 맞대고 앉아서 책 읽는 시간은 엄마와 아이가 스킨십을 하는 시간이기도 했을 겁니다. 엄마가 아이에게 오랫동안 책을 읽어주어야 하는 이유는 아이와의 정서적인 교감 때문입니다. 책을 읽어주면서 아이는 엄마의 냄새를 맡고, 엄마의 목소리 톤을 느꼈을 겁니다.

문해력은 저절로 길러지는 것이 아닙니다. 문해력을 기르기 위해서는 매일 읽는 책, 매일 쓰는 어휘에서 벗어나서 새로운 어휘에 노출될 필요가 있습니다. 새로운 책이나 다양한 책을 다독하는 것도 중요하지만, 읽고 나서 엄마와 대화를 잠시라도 나누는 편이 좋습니다. 문해력의 관건은 어휘입니다. 책을 읽고 책 속에 아이가 모를만한 어휘는 없었는지, 뜻은 정확하게 이해했는지 대화를 해봐야 합니다. 어휘의 뜻을 엄마가 바로 설명해주기보다는 어휘의 뜻을 추측해보게 하고, 엄마는 어떤 사례로 쓰이는지 예를 들어 이야기하면 됩니다. 지은이는 책을 읽으며 '효력, 화풀이'라는 어휘를 궁금해했습니다. 아이에게 짧은 글짓기를 말로 해보게 하였습니다. 지은이는 "약이 효력이 좋아서 병이 빨리 나았다."라고 말을 하였고, "친구가 엄마한테 혼나고 강아지에게 화풀이를 해요."라고 말을 하였습니다. 저는 지은이가 한 말을 이어서 어떤 증상이 있었는데 어떻게 효력이 있었는지 이야기를 나누었고요. 화풀이에 대해서도 저의 경험과 지은이의 경험을 주고받았습니다. 가장 좋은 건 새로 배운 어휘를 활용해서 글을 쓰는 것이지만 모든 책 읽기에 이렇게 독후활동을 할 수 없다면, 대화만이라도 꼭 나누는 것이 좋습니다. 하루에 한두 권씩은 꼭 함께 읽었습니다. 엄마표 문해력은 그렇게 시작되었습니다.

"아이 독서 습관은 어떻게 만들어지나요?"
"아이와 함께 즐겁게 책을 읽으려면 어떻게 해야 하나요?"

아이들과 하루 한 권을 매일 꾸준히 읽으면 됩니다. 매일 비슷한 시간대에 책을 읽는 방법도 좋고, 오늘 책을 읽었는지 달력에 표시하면서 읽는 방법도 좋습니다. 그리고 아이와 대화를 나눕니다. 짧은 글짓기를 하듯 문장을 만들어보면 더욱 좋습니다.

5.

책 읽기로
공부 자신감이
차오른다

　주위의 아이들을 보면 교과서를 제대로 이해하지 못하는 아이들이 많습니다. 교과서의 학습 내용을 이해하지 못하다 보니 독해가 안 되고 그러다 보면 공부 자신감이 떨어집니다. 아이들이 전부 공부를 잘할 수는 없겠지만 교과서를 이해하지 못해 수업 시간에 고개 숙이고 있는 아이들을 생각하면 마음이 아픕니다. 초등학교 3학년이 되면 과목 수가 늘어납니다. 사회 과목, 과학 과목 등에서는 한자어가 많이 나옵니다. 예를 들어 3학년 사회 교과서 1학기 2단원에 우리가 알아보는 고장 이야기가 나옵니다.

　"우리 고장의 옛이야기를 통해서 우리 고장 지명의 유래를 알 수 있고,

우리 고장의 자연환경, 생활 모습을 알 수 있다."

이 문장에서 지명, 유래라는 한자어가 나오는데 두 개의 어휘를 모르면 문장을 이해하는 데 어려움을 느끼게 됩니다. 문장을 이해 못 하니 독해가 안 되고, 수업 시간에 적극적으로 참여하기가 어려워집니다. 독서논술 수업에서 한국사 수업을 듣는 아이가 고구려 역사를 배울 때였습니다. 광개토대왕이 영토 확장을 하는 부분에서 영토와 확장이라는 어휘를 이해하지 못하였기에 광개토대왕 이름의 어원도 이해하기 어려워하였습니다. 광개토대왕의 '광개토(廣開土)'는 영토를 넓게 개척했다는 뜻이므로 한자어를 알면 어원도 이해하기 편해집니다. 이렇듯 어휘가 이해가 안 되면 교과서의 문장이 이해가 안 되는 거지요.

교과서를 잘 읽지 않는 아이들도 있습니다. 학교 교실 사물함에 교과서를 넣어두니 학교 수업에서만 읽고, 가정에서는 사교육 과제 또는 문제집으로 공부를 하는 경우가 많거든요. 아이의 교과서를 교과서 배부 시에만 구경하는 부모님들도 많이 계시더라고요. 그래서 아이가 교과서를 제대로 읽고 있는 건지 확인이 안 됩니다. 교과서는 대부분 "알아보자, 살펴보자"로 제시되어 있어요. 그런데 무엇을 알아보고, 어떻게 살펴봐야 하는지가 파악이 안 되는 경우가 발생하는 거지요. 교과서를 공부하는 간단한 방법이 있습니다. 집에서 읽는 교과서를 한 부씩 더 준비하는 것입니다. 교과서를 미리 읽어보면서 모르는 어휘는 국어사전을 통해 뜻을 파악해보면 좋습니다.

교과서 읽기부터

3학년 서하는 2020년 초등학교 입학과 동시에 코로나19 바이러스 상황이 시작되었습니다. 학교 갈 시기를 기다리면서 EBS 방송 프로그램을 시청하며 학교생활에 적응해나갔지요. 하지만 가정 보육은 학교생활을 하는 것처럼 긴장감이 있지도 않았고, 교과서의 내용을 꼼꼼하게 살펴보지도 않게 되었다고 해요. 게다가 서하 엄마도 첫째 아이 때 했던 내용이라며 교과서를 세심하게 살펴보지 않았다고 합니다. 그랬더니 어느 순간 1학년 교과서가 끝났고, 2학년이 되었다는 느낌이라고 했습니다. 1학년 때는 일주일에 한 번씩 학교에서 나눠주는 꾸러미를 통해 학습지 문제를 풀며 공부를 했다고 해요. 그러나 학교에서 직접 배우는 것처럼 선생님과 상호 작용하고, 교과 과목을 배워 나가지는 못했습니다. 제가 서하와 이야기를 해보니 아이가 교과서의 내용을 제대로 이해하는지 의문이 들었습니다. 아이에게 교과서의 내용을 물어보았습니다. 아이는 결과 위주의 대답은 잘하였으나, 질문의 배경이나 의도는 이해하지 못하였습니다. 매일 학교에 가지 않고, 대면 수업을 받지 않으니 교과서는 마치 학습지가 된 것 같았고, 교과서의 빈칸만 채우면 학교 수업이 끝난 것으로 이해를 하였습니다. 아이가 교과서를 제대로 읽지 못한 상태로 1학년을 보내게 된 것이지요. 2학년이 되어 아이는 학교에 매일 가게 되었고, 코로나 19 바이러스 시기의 온라인 수업이나 EBS 수업과는 달리 상호 소통을 하게 되었습니다. 이제 교과서에 빈칸만 채우는 것으로 수업이 이루어지지 않았지요. 단원별로 제시하는 학습 목표와 내용을 이해하여 수행해야 했습니다. 교과서를 잘 읽는 능력이 필요하게 된 것이지요. 1학년 시기에 교과서를 읽는 연습을 많이 못 하였기에 2학년 초반에는 교과서를 읽고 학교 수업을 하는 데 어려워하였습니다. 그래서 3월 한 달 동안 교과서 소리 내어 읽기를 연습하게 했습니다. 한 달 집중적으로 연습을 하고 나니 조금 따라잡은 것 같았어요.

교과서를 잘 읽는 아이와 그렇지 않은 아이는 이해 능력에서 학습 격차가 발생하게 됩니다. 그렇다면 어떻게 해야 교과서를 잘 읽을 수 있을까요? 공부에 자신감이 생기기 위해서는 교과서를 잘 이해해야 하고, 교과서를 잘 이해하기 위해서는 어휘를 잘 알아야 합니다. 초등학교 시기는 어휘력이 폭발적으로 증대되는 시기입니다. 아이들은 책과 미디어 등 여러 매체를 통해 언어를 배웁니다. 물론 부모나 친구들에게 배우는 어휘도 많습니다. 어휘는 저절로 습득되기도 하지만, 책이나 부모님의 도움으로 기하급수적으로 많이 늘어나는 일도 있습니다. 그렇다고 해서 책을 읽어줄 때마다 어휘의 뜻을 설명해주거나 아이가 말을 할 때마다 잘못된 어휘를 지적하라는 것은 아닙니다. 그렇게 되면 아이는 자신감을 잃어버리게 되지요. 아이와 즐겁게 책을 읽으면서 아이가 궁금해하는 적절한 시점에 어휘에 대한 설명을 해주고, 국어사전 찾기 같은 것도 하나의 놀이로 진행을 하면 좋습니다. 아이가 하나씩 어휘를 익혀갈 때마다 아이를 칭찬해주고 격려해준다면 아이는 자신의 그릇을 키워가며 어휘를 늘려갈 것입니다.

교과서를 또박또박 잘 읽는 것도 중요합니다. 문장과 글을 알맞게 띄어 읽어야 하고요. 이때 엄마와 함께 읽는 연습을 하는 게 좋습니다. 혼자서 읽게 되면 모르는 어휘가 있더라도 건너뛰게 됩니다. 엄마와 함께 읽게 되면 모르는 어휘가 어떤 것인지, 어느 부분을 띄엄띄엄 읽는지 알수 있습니다. 교과서를 읽고 나서는 교과서에서 이야기하고 있는 내용에 대해 생각과 느낌을 표현할 줄 알아야 합니다. 교과서의 글을 읽고 이야기를 할 때는 엄마가 청중이 되어 들어주는 것이 좋습니다. 엄마가 아이의 모습을 불안해하면 안 됩니다. 엄마의 불안한 마음이 아이에게 전달되기 때문입니다.

공부에 도전장 내민 어느 아이의 분투기

공부에 자신감이 생기는 책 읽기는 어떻게 해야 할까요? 교과서 읽는 연습을 시작으로 띄어 읽는 연습을 하며 소리와 표기가 다르다는 것을 알게 됩니다. 읽기에는 빈익빈 부익부 현상이 있습니다. 읽기가 부족하면 학년이 올라갈수록 독해가 어려워진다는 의미입니다. 코로나19 바이러스가 유행하던 시기에 학교에 가지 못했던 아이들에게 중점을 두었던 부분은 책 읽기였습니다. 서하에게도 소리 내어 읽는 것을 연습시켰습니다. 조금 쉬어 읽을 때는 쐐기표를 표시해주고, 조금 더 쉬어 읽을 때는 겹쐐기표를 표시해주었습니다. 서하는 교과서 낭독하는 연습을 하였기에 학교에 가지 못했던 공백을 빠르게 채워나갈 수 있었습니다.

공부에 도전장을 내민 서하에게 엄마의 사랑과 지지가 필요했습니다. 꼭 엄마가 아니어도 주 양육자의 도움이 필요합니다. 아이가 처음 책을 읽을 때는 발음을 어려워하기도 하고, 글자를 건너뛰는 경우가 많습니다. 이때 아이가 잘 읽을 때까지 기다려주는 것이 필요합니다. 서하에게는 교과서의 단원명과 학습 목표도 읽게 하였습니다. 문제집을 풀 때도 혼자 풀게 하지 않고, 아이와 학습 목표를 함께 읽어보고 문제를 반복해서 읽으면서 문제의 뜻을 정확히 파악하여 실수가 없도록 도와주도록 하였습니다.

엄마의 사랑과 지지가 있을 때 아이는 자연스럽게 하고 싶은 일을 합니다. 아이가 흙을 만지더라도 엄마의 지지가 있다고 하면 주저하지 않을 것이고, 길을 가다가 길가에 핀 들꽃이 궁금할 때는 주저 없이 앉아서 고개를 들이밀고 관찰할 것입니다. 집에 와서 엄마와 함께 책을 찾아보며 들꽃의 꽃 이름을 검색해보고, 식물도감이나 식물을 관찰해둔 자연 관찰 책에서 내용을 찾아본 후에 내용을 정리해본다면 어찌 이 내용을 기억하지 않을 수 있을까요? 공부에 자신감이 있는 아이들의 비결인 셈이지요. 자기 주도 학습의 첫걸음이 아이가 스스로 배운 것을 적용해보는 일입니다. 책에서 배운 내용을 적용하는 시간을 가지면 공부하는 습관을 기르는 데 도움이 됩니다. 자기 주도 학습과도 이어지는데, 이때는 엄마의 욕심이나 아이의 수준을 넘어서는 책, 과다한 책값 지출은 피해야 합니다. 엄마의 욕심으로 책을 구매하고, 아이에게 압박하게 되면 엄마의 눈치를 살피게 되고 엄마와 갈등이 생기기도 하기 때문이지요. 아이가 과부하 상태인지, 적당한 상태인지 늘 살펴보면서 아이의 속도를 기다려야 합니다. 아이는 엄마의 믿음을 바탕으로 한 팀으로 경기를 하고 있으므로 엄마만 앞서 나가지 않도록 해야 합니다.

6.

우리 아이
문해력의 씨앗은
'엄마'다

　엄마라면 누구나 한 번쯤은 '좋은 엄마'가 되겠다는 생각을 했을 겁니다. 다정하게 대화하고 화가 나도 큰 소리 내지 않는 엄마. 밥도 잘 챙겨주고 함께 시간 많이 보내는 엄마. 뭐 이런 것들. 저도 시도해봤는데, 말처럼 쉽지 않았습니다. 노력해도 잘 되질 않아서 내려놓기로 했습니다. 좋은 엄마가 되겠다는 욕심을 내려놓자, 마음이 한결 편안해졌습니다. 아이러니하게도, 제 마음이 편안해지니까 아이들이 더 좋아했습니다. 엄마가 스스로 아끼고 사랑하니까 아이들도 엄마를 닮아갔습니다. 문해력을 키우는 기초는 엄마에서 시작합니다. 어떤 엄마가 되어야 한다는 강박과 조건으로부터 자유로워지는 것이 엄마와 아이가 동시에 행복할 수 있는 기본 전제임을 알게 되었습니다. 엄마가 행복해야 아이에게 많은 것을 보여주고, 들려줄 수 있습니다. 아이들은 어렸을 때 문해력의 뿌리가 형성됩니다. 엄마가 책을 소리 내어 읽어주며 긍정적인 분위기를 조성할 때 문해력도 잘 자랄 수 있다는 걸 깨달았습니다.

문해력을 키워주는 자존감 훈련

지환이가 열 살에 저에게 왔습니다. 지환이 엄마는 매일 잠자기 전 독서로 책을 읽어주었습니다. 몸이 피곤한 날이나 정말 시간이 없는 날에도 무미건조하게 읽어주기보다는 실감 나게 읽어주려고 노력했다고 합니다. 처음부터 그랬던 것은 아닙니다. 워킹맘이므로 바쁘다는 핑계를 대며 아이가 3학년 정도까지는 뭐든지 스스로 할 것을 강요했다고 하였습니다. 바쁘게 살다 보면 길을 걸어가다가 주위를 둘러 볼 여유가 없기도 합니다. 그러면서 엄마의 자존감도 낮아졌습니다. 엄마 스스로 너그럽지 못했기 때문에 자존감이 건강하지 못했던 것 같습니다. 아이에 대해서는 욕심을 냈습니다. 엄마의 마음이 불안했기 때문에 엄마와 아이의 관계는 악순환이 되었습니다. 엄마가 여유가 없고 자존감이 낮았기 때문에 엄마의 불안한 마음이 아이에게 전달되는 것이었습니다.

지환이는 엄마가 몰아붙이지 않아도 잘하는 아이였습니다. 저는 책을 권해주었고 저녁마다 엄마와 책을 읽으라고 하였습니다. 지환이 엄마에게도 학습적인 내용을 강요하지 마시라고 말씀드렸습니다. 엄마가 내려놓고 마음을 편안하게 하자 지환이도 표정이 밝아졌습니다. 엄마와 함께 하는 시간에 몰입하며 집중하였기에 아이가 함께 읽는 과정을 즐긴 것이 었습니다. 그런데 엄마의 태도가 바뀌니 제일 먼저 바뀐 건 아이였습니다. 눈빛이 바뀌었고, 표정도 변화하였습니다. 엄마가 일일이 챙기지 않아도 학교 담임 선생님으로부터 자기 주도 학습이 뛰어난 아이라는 피드백을 받았고, 주위 엄마들이 어떤 사교육을 하고 있는지 물어볼 정도로 변화하였습니다.

엄마가 애정과 사랑을 담아 책을 읽어주면 아이의 마음이 더욱 활짝 열립니다. 서우가 일곱 살이었던 어느 날 아이는 수시로 '나는 책이 좋아'를 말하면서 엄마를 기쁘게 하였습니다. 책을 많이 읽어준 것도 아니었는데, 엄마와 함께 하는 시간에 몰입하며 집중하였기에 아이가 함께 읽는 과정을 즐긴 것이었습니다. 아이가 책을 잘 읽기 위해서는 '나는 책을 좋아하는 아이야!'라는 생각을 하는 것이 중요합니다. 이는 책 읽기에 대한 자신감입니다. 책을 읽고 칭찬을 받은 경험, 스스로 뿌듯했던 경험 등의 작은 성공 경험이 쌓이다 보면 아이 스스로 책을 좋아하는 아이라고 생각하게 됩니다. 책 읽기를 엄마의 숙제라고 생각하는 아이들이 있습니다. 엄마가 읽으라고 하니깐 읽는다든지, 하루에 읽어야 할 책의 권수가 정해져 있으므로 의무감에서 읽는 경우가 있지요. 이런 아이들은 책을 읽지 않았을 경우 왜 책을 읽지 않았냐는 부모의 질책이 이어질 때가 많습니다. 책 읽기가 강제 숙제가 아니기를 바랍니다. 엄마와 함께 책을 읽는 과정을 즐기며, 아이의 마음을 따뜻하게 어루만져주니 책에 대한 마음도 자라게 되었던 것 같습니다.

자존감이 높은 아이들은 책을 읽을 때 조금 어려운 부분이 나와도 읽으려고 시도를 합니다. 수준보다 높은 책이거나 어려운 어휘가 나와도 문맥으로 이해할 수 있기 때문입니다. 자존감이 낮은 아이들은 새로운 책을 읽는 데 도전할 때 주저하게 됩니다. 문해력은 세상을 이해하며 도전하는 힘입니다. 그러니 자존감이 낮으면 문해력을 높이는 데도 어려움을 겪는 겁니다.

자존감을 높이기 위해 도움이 되었던 건 바로 이야기책이었습니다. 『이솝 우화 이야기』,『저학년 문고 시리즈』 등의 책을 읽으면서 간혹 실수하더라도 큰 잘못을 한 게 아니라는 생각을 해나갔습니다. 독서를 통해 아이의 자존감이 높아지는 겁니다. 자존감은 자신을 존중하고 가치 있게 느끼는 마음입니다. 자신에 대한 긍정적인 마음으로 실패를 두려워하지 않는 마음이기도 하고요. 아이들은 이야기책을 통해서 등장인물의 성공과 실패를 배웁니다. 주인공이 어려운 일이 있어도 고난을 극복해나갈 것이라는 긍정적인 마음을 갖게 되는 거지요. 독서를 통해 긍정적인 마음을 연습한 아이들은 자존감이 높습니다. 다른 사람의 감정에 공감하기 위해서는 자기의 감정을 잘 이해해야 합니다. 따라서 아이가 자신의 감정을 잘 알아차리고 표현할 수 있도록 하다 보면 공감 능력도 높아지고, 아이의 자존감도 높아지게 됩니다.

포기할 수 없는 자존감과 독서

아이의 자존감이 독서를 통해서 어떻게 높아질까요? 책 읽기를 하다 보면 등장인물에 공감하게 되고, 공감 능력을 배우게 됩니다. 공감 능력을 잘 익히게 되면 아이는 긍정적으로 됩니다. 이 과정에 책이 존재합니다. 엄마가 부드러운 목소리로 아이에게 책을 읽어주고, 아이의 마음과 등장인물의 마음을 연결하여 대화를 나누게 되면 아이는 따뜻한 마음을 배우고, 실패하는 것에 두려움이 없게 됩니다. 등장인물의 마음에 고개를 끄덕이게 되면 재미와 교훈을 느끼면서 등장인물의 좋은 점을 따라하게 되는 거지요. 책 읽기의 중요한 역할은 바로 정서를 안정시키는 것입니다.

아이는 책을 읽으면서 미소를 짓게 되고 착한 마음을 가진 아이로 자라게 됩니다. 좋은 글과 문장을 자주 만나게 되면 다른 사람을 이해하는 공감 능력도 키울 수 있게 됩니다. 이야기책을 읽으면서 어떤 마음가짐을 가져야 하는지, 어떤 행동을 해야 하는지 기준을 세우게 됩니다. 책을 읽으며 주변의 시선이나 기준에 흔들리지 않으면서 자신만의 기준을 세우고, 자신을 격려하면서 성취감을 느끼는 내용 등을 배우게 됩니다. 즉, 책을 통해 아이의 자존감도 자라게 되는 겁니다.

좋은 엄마는 어떤 엄마일까요? 아이를 위해 모든 것을 다 해주는 희생적인 엄마가 좋은 엄마는 아닐 것입니다. 좋은 엄마는 아이와 눈을 맞추고 믿어주는 엄마일 겁니다. 좋은 분위기에서 책을 읽어주고, 아이가 스스로 할 때까지 기다려줘야 좋은 엄마가 되겠지요. 엄마의 태도가 바뀌면 아이도 변화합니다. 아이들이 커가면서도 책을 좋아하게 되는 비결은 가정에서 책을 숙제로 생각하게 했는지, 놀이로 생각하게 했는지에 달려 있다고 봐도 과언이 아닙니다. 그만큼 억지로 읽지 않고 스스로 즐기면서 읽는 책 읽기가 중요합니다. 지환이의 엄마가 지환이를 믿어주고, 매일 책을 읽어주었더니 아이가 스스로 잘하는 아이로 변화한 것처럼 말이지요. 아이들이 스스로 하는 습관을 갖게 되면 자율성도 커집니다. 물건을 선택할 때, 가족 여행지를 선택할 때 스스로 선택하고 책임을 지게 됩니다. 자율성을 키우다 보면 방 정리하기, 다음 날 학교에 가져갈 가방 챙기기, 아침에 혼자 일어나기 등도 혼자서 잘하게 됩니다. 엄마가 시켜서 하는 게 아니라 본인이 필요하기에 하게 됩니다. 엄마가 아이를 믿어주며 자존감을 끌어 올리면 세상을 이해하고 도전하게 되며, 문해력을 높이는 데도 도움이 됩니다.

아이
수준에 맞는
적기 독서를 하라
- 읽어주기

1.

아이 나이별
책 읽어주기의
함정

　엄마와 함께 하는 독서 습관을 만들겠다는 목표를 세웠습니다. 아이가 좋아하는 책을 선택했습니다. 책을 읽은 다음에는 아이가 책에 대해 말 한마디를 이야기하게 하였습니다. 처음에는 책을 읽고 느낀 점을 이야기하라고 하면 어려워했습니다. 그래서 책에서 생각나는 것이 뭐가 있는지 말해보라고 하였습니다. 아이가 말을 하면 책 읽은 기록을 남겼습니다. 몇 권을 읽었는지 권수를 세는 목표보다는 아이들 스스로 동기부여가 되기 위해서였습니다.

　집에 있는 책, 도서관에서 빌려오는 책, 중고로 구매하는 책, 상호대차 도서대여 서비스 등을 가리지 않았습니다. 도서관에서 책을 읽는 것은 좋은 방법입니다. 아이들이 어릴 때는 도서관이 놀이터가 되는 경우가 많았어요. 아이들은 도서관에만 가면 친구들을 만나서 노는 재미, 친구가 읽는 책과 같은 책으로 빌려오는 재미를 느꼈습니다. 도서관을 친근하게 느끼면서 원하는 책을 자주 찾아보게 하였습니다.

더 이상 아이 나이 따라갈 필요가 없다!

서우가 한글을 익히게 되자 오빠가 읽는 책이 궁금해서 페이지를 넘겨보기도 했고, 서준이는 서우가 읽는 책이 궁금해서 옆에서 엄마가 읽어주는 소리를 듣기도 하였습니다. 동생이라고 해서 동생 책만 읽어야 하는 법도 없고, 학년에 맞는 책만 읽으라는 법도 없습니다. 나이별 책을 제한하지 않고, 아이가 좋아하고, 읽고 싶어 하는 책 위주로 책 읽기 하는 날을 이어갔습니다. 저희 아이들이 다른 아이들에 비해 책을 많이 읽는 것은 아니었습니다. 유명한 블로거나 동네 엄마의 이야기만 들어봐도 시기마다 적절한 전집을 들여주고, 책을 쌓아두고 읽었다는 사례가 많았습니다. 아이에게 책을 읽어줄 때 추천도서 목록보다 아이의 독서력이 중요합니다. 독서력이 좋은 아이는 나이보다 어려운 책도 잘 읽을 것이고, 독서력이 아직 부족한 아이는 자기 학년 책을 읽기도 어려워하기 때문이지요. 아이의 나이별 책 읽기의 비밀은 아이 나이에 따라서 책을 읽는 게 아니라는 점입니다. 따라서 나이별 추천 책보다는 아이가 즐거워하는 책을 읽는 게 중요합니다.

책을 즐기면서 읽기 시작하니 아이들도 달라졌습니다. 서준이는 3학년 때 독서 올림피아드 대회에서 금상을 받기도 했고, 서우는 일곱 살을 지나면서 스스로 책을 좋아한다고 말을 하기 시작했습니다. 엄마가 보기에 독서량이 많은 건 아니었지만, 아이들은 자기 스스로 책을 즐기면서 읽게 되었어요. 책을 즐기면서 읽었기에 책 읽기는 학습이 아니라 재미있는 어떤 것이었습니다. 재미있는 일을 하면서 저절로 습관과 학습 능력도 챙겨지게 된 것은 정말 고마운 일이었습니다.

흥미로운 책을 특히 좋아한 1학년 도현이는 자기 나이에 비해 수준이 있는 책도 잘 읽는 아이였습니다. 초등 중학년이 관심을 가질 법한 코믹북도 잘 읽고 있고, 일찍부터 읽기 독립이 되어 학습만화의 작은 글씨도 잘 읽는 아이였습니다. 도현이의 어머니는 아이가 읽기 독립이 되었다고 해서 혼자 책을 읽게 내버려두지만은 않으셨습니다. 아이가 신문을 읽고 활동을 하고, 책을 읽고 독후 활동을 할 수 있는 준비를 통해 아이가 즐거운 책 읽기를 할 수 있도록 도와주셨습니다.

독서 논술 수업에 오는 아이들은 대부분 정해진 커리큘럼과 책이 있습니다. 하지만 홍선이는 늘 수업 시간보다 일찍 도착했습니다. 홍선이에게 독서 교실은 배우러 오는 곳만은 아니었습니다. 수업을 시작하기 전에 책장에서 자유롭게 책을 꺼내 읽으면서 여유 시간을 즐겼던 것 같습니다. 또 수업에 오는 저학년 친구들 어머니들의 부탁으로 매주 책을 빌려주는 아이들이 있습니다. 아이들은 선생님이 어떤 책을 추천해줄지 수업에 올 때마다 기대했습니다. 저희 아이들뿐만 아니라 독서 논술 수업에 오는 아이들도 책에 대한 흥미가 우선이었습니다. 즐겁게 책을 꺼내 읽어야 꾸준히 읽을 수 있었습니다.

문해력을 높이는 나이별 책 읽기 필살기

사교육에서 권하는 대로 또는 학교 추천도서 목록에 있는 대로 책 읽기를 한다고 해서 아이가 책 내용을 다 이해하는 것은 아닙니다. 동네마다 중고서점이 있는 편이고, 중고서점의 사장님들은 아이 나이나 학년에 맞게 책을 추천해주고, 유행하는 전집을 구매하라고 추천을 많이 해줍니다. 하지만 중고서점의 사장님들이 아이의 수준과 흥미를 고려하지는 않습니다. 지난번에 구매한 전집 이후에는 다른 전집을 순서대로 추천해주기만 합니다. 아이별로 좋아하는 분야와 흥미가 다른데 유명한 출판사의 전집 라인별로 구매하도록 추천하는 것이지요. 이렇게 구매한 전집은 대박이 날 수도 있겠지만 아이의 관심사와 전혀 연결이 안 될 수도 있습니다.

아이 나이별, 학년별로 제시된 책을 보는 것만으로 독서를 잘하고 있다고 생각이 될 수 있습니다. 하지만 아이가 책을 정말로 즐기면서 읽고 있는지, 책 내용을 잘 이해하고 있는지는 다른 것입니다. 아이 나이별 책 읽기의 비밀은 첫째, 아이의 관심사별로 책을 읽는 것입니다. 아이의 관심 분야를 서서히 확장해나간다면 아이는 스스로 책 읽기를 즐기게 됩니다. 책이 주는 즐거움을 알기에 더 많은 책을 읽게 되고 독서력도 확장되는 것이지요. 그렇게 되면 아이의 실제 나이보다 높은 나이대가 읽는 책으로 범위가 넓어지기도 합니다. 둘째, 아이가 책에 흥미가 생길 수 있도록 도와주는 것이 필요합니다. 도현이에게 학년이 올라가면서 책을 알아서 읽으라고 하지 않고, 엄마가 도서관에서 책을 찾아주고, 신문 자료를 건네주는 것으로 아이 흥미를 이끌어주는 것이지요. 셋째, 아이가 책장에서 즐겁게 꺼낼 수 있도록 해줍니다. 아이가 손을 뻗어 책장에서 책을 자발적으로 꺼내는 것이 매일 반복된다면 아이는 책이 재밌다고 생각하게 될 겁니다. 아이 스스로 책에 대해 어떤 생각을 갖느냐에 따라서 독서 습관은 결정이 되는 것이지요.

2.

아이와 함께
읽으면 일어나는
기적!

　어렸을 적, 저는 서울 강남구 대치동에 살았습니다. 대학교 1학년 때까지 살았으니 대치동에서 초·중·고등학교 생활을 한 셈이지요. 부모님께서 부족함이 없이 키우셨습니다. 집 안에는 책이 많았고, 30년도 훨씬 전에 〈독서평설〉이라는 잡지를 구독해서 읽을 정도로 독서 환경을 많이 만들어주셨습니다. 집에 책이 많았지만 제가 가장 기억에 남는 일은 노래를 부르고 녹음을 한 테이프입니다. 그 당시에 저와 엄마는 함께 노래하고, 책을 읽거나 동화구연을 해서 테이프에 녹음하는 놀이를 했습니다. 정확하게 말하자면 엄마께서 저에게 연습을 시키고, 녹음을 해주신 것이었습니다. 청소년 시기와 성인이 되어서는 목소리도 작고, 부끄러움이 많아 다른 사람 앞에 나서기를 좋아하지 않았습니다. 그런데 유아 시절의 저는 자신감이 있고, 발표하기를 좋아했나봅니다. 또랑또랑하게 들리는 목소리, 정확한 발음으로 부르던 노래, 그 뒤로 들리는 엄마의 웃음소리가 남아 있는 테이프가 아직도 집에 있습니다. 지금 생각해보면 엄마께서 저에게 읽기, 말하기를 연습시킨 셈입니다. 책을 읽어주시고, 노래를 들려주시고, 그것을 저에게 하라고 하셨습니다. 그 옛날의 독서 교육이 아니었나 싶습니다. 엄마의 목소리를 들으면서 발음을 익힐 수 있었고, 노래로 연습을 하면서 더 잘 이해하게 되지 않았을까요?

엄마와 함께 하는 월등한 독서 교육

요즘의 독서 교육도 다르지 않습니다. 엄마나 부모가 아이 책을 함께 읽어주는 것이 우선되어야 합니다. 글자를 알게 되었다고 하더라도 책을 읽는 능력이 부족하므로 아이가 책에 익숙해질 때까지는 한동안 엄마가 읽어주어야 합니다. 엄마가 발음을 정확하게 해서 읽어주면 아이는 귀로 듣고, 머리로 상상을 하며 글을 이해하게 되므로 글자가 아니라 내용에 집중할 수 있습니다. 엄마가 책을 읽어줄 때는 과도한 구연동화보다는 정확한 발음으로 읽어주는 데 신경을 써야 합니다. 아이들은 엄마의 발음을 듣고 배우기 때문에 정확한 발음에 신경 써야 합니다. 어린 시절 저의 엄마께서 책을 읽고 노래를 부르고 녹음을 하였던 놀이는 발음 교육과 독서 교육의 이중 효과가 있었던 것입니다.

아이가 책을 읽을 준비가 되기 전까지는 충분히 책을 많이 읽어주는 게 좋습니다. 혹시나 어렸을 때 책을 많이 못 읽어 주었더라도 지금부터 하루에 15분씩 꾸준히 읽어주면 됩니다. 아이가 스스로 책을 읽을 준비가 될 때까지는 엄마가 아이 책을 함께 읽는 것이 도움이 되기 때문이지요. 고학년이어도 지금까지 책을 안 읽었던 아이라면 독서 환경을 만들어주면서 엄마나 어른이 책을 읽어주시면 어떨까요.

어느 날 둘째 아이가 어린이집 등원 거부를 하였습니다. 선생님이 싫은 건지, 친구가 불편한 건지 생각해보았지만, 결국 필요한 건 엄마와의 시간이었습니다. 그때부터 본격적으로 책을 읽어주기 시작하였습니다. 그전에는 남편에게 책 읽기를 맡겨보기도 하였습니다. 아이는 아빠와의 책 읽기 시간을 좋아하기도 했지만, 그것에 덤으로 하여 엄마와의 시간도 필요했습니다.

적극적으로 책을 읽어주자 아이는 책에 대해서 익숙해졌습니다. 책 읽기의 기적은 엄마가 옆에서 함께 읽는 것이 먼저였던 것입니다.

"엄마, 오늘은 이 책을 읽고 만들기를 하고요. 이번에는 그림을 그려서 책을 만들어볼게요."

아이는 책을 읽고 다음 활동을 시작했습니다.

궁극의 전략적 책 읽기 방법

아이에게 책을 읽어줄 때 좀 더 흥미를 느끼게 하는 전략적 책 읽기 방법을 소개합니다. 첫 번째로 아이가 책에 대해 기대감이 생기도록 합니다. 책을 읽어주기 전에 책의 일부 내용만 말해주고, 다음 이야기는 궁금하게 만들거나 표지를 보면서 책 내용에 대해 궁금하게 만드는 것입니다. 책을 읽어줄 때 표지에 대한 느낌을 이야기해보는 것이 도움이 많이 되었습니다.

두 번째, 책을 읽어줄 때 다음 내용을 예측하게 했습니다. 다음 내용을 예측하게 하면 앞의 내용을 기억하는 데도 도움이 되며, 내용을 정리하는 데도 도움이 되었습니다. 아이가 앞의 내용을 이해하면서 조리 있게 말을 하면 책을 잘 이해하고 있는 것입니다. 하지만 두루뭉술하게만 이야기한다면 지금까지의 내용을 그만큼 제대로 이해하지 못한 것이라고 봐야 합니다. 이럴 때는 책의 목차를 보고 예측을 해보는 것도 좋습니다.

세 번째, 배경 지식을 연계해야 합니다. 전에 읽었던 내용과 연계되는 배경 지식을 이야기로 꺼내면서 아이가 전에 읽었던 내용을 떠올리게 하면 도움이 됩니다. '지난번에 읽었던 책에 나온 것과 같은 동네가 나왔네.' 등으로 말을 하면서 예전에 읽었던 책 내용을 떠올리게 하였습니다.

네 번째, 어휘력을 키울 수 있도록 신경 써야 합니다. 우리가 일상적으로 하는 말에 포함된 어휘는 많지 않습니다. 따라서 책에 모르는 어휘가 나왔을 때는 그 어휘의 뜻을 파악해보거나 질문을 통해 뜻을 알게 해야 합니다. 문맥이나 상황을 통해서 어휘의 뜻을 파악해볼 수도 있고, 그림책의 경우에는 그림을 보며 어휘의 뜻을 맞춰볼 수도 있습니다. 이때는 무조건 문답식으로 하는 것은 지양해야 합니다. 자칫 엄마의 질문이 많아지면 아이는 책 읽기만 하면 엄마가 자신을 채근한다고 생각해서 책 읽기를 싫어하게 될 수 있기 때문이지요.

전략적 책 읽기를 할 때 아이가 이야기해보는 과정이 꼭 들어가야 합니다. 책을 읽은 후에 책의 내용을 사색하는 과정이 들어가지 않으면 기적은 이루어지지 않습니다. 물살을 헤치는 큰 기적은 아닙니다. 아이와 함께 하는 책 읽기는 졸졸 흐르는 도랑물의 기적이 필요합니다. 엄마와 함께 노래 부르고, 만들기를 하며 책을 읽는 시간이 아이에게도 추억으로 남기를 바라고 있습니다.

기적을 만드는 아이 책 함께 읽기는 아이가 태어났을 때부터 하지 않아도 됩니다. 엄마나 아이가 필요성을 느낄 때 시작하면 됩니다. 책 읽기는 상승 구간과 하락 구간이 있습니다. 재밌게 책을 읽는 시기가 있으며, 책에 대한 흥미가 떨어지는 시기가 있습니다. 아이의 책 읽기 능력과 상관이 없습니다. 아이의 상황에 맞는 관심사가 늘 다르기 때문이지요. 아이가 성장하면서 관심 있는 주제는 계속 달라집니다. 아이가 책을 덜 읽는다거나 엄마가 책을 안 읽어준다고 해서 아이가 하루아침에 책을 안 읽는 아이로 변하는 것은 아닙니다.

"엄마, 어제는 밤에 자다가 꿈에서 커다란 귀뚜라미가 나왔어요. 귀뚜라미가 나를 쫓아왔어요. 그렇게 큰 귀뚜라미가 있을 수 있어요?"

"그래, 무서웠겠구나! 오늘은 무슨 책을 읽을까?"

아이의 요즘 관심사가 귀뚜라미입니다. 이번 가을에는 귀뚜라미 책을 찾아보려고 합니다.

3.

소리 내어
읽어주면 아이가
달라진다

"엄마, 저랑 한 페이지씩 책 읽기 시합해요!"

아이들은 저와 책을 한 페이지씩 나눠서 읽는 것을 좋아하였습니다. 처음에는 그림책에서 문고판으로 책이 넘어가면서 글의 분량이 많아지자 엄마인 제가 꾀를 낸 것이기도 했습니다. 한 페이지씩 읽으면서 틀리지 않고 읽는 시합을 했더니 아이가 좋아하며 소리 내어 읽었습니다. 아이는 엄마의 목소리도 듣고, 자기 목소리도 들었습니다. 소리 내어 읽으면 뇌를 활성화한다고 합니다. 책을 읽는다는 건 글자를 읽는 것만을 뜻하지 않습니다. 문장을 해석하며, 감정을 이해해야 합니다. 이러한 복잡한 활동을 하기 위해서는 뇌가 활성화되어야 합니다. 소리 내어 책을 읽으면서 뇌가 발전하게 되는 셈이지요.

"이번에는 지희가 읽어볼까?"

더듬더듬 한 글자씩 읽어 내려갑니다. 쌍비읍의 강한 소리는 여전히 어려워합니다. 영어 유치원을 다니는 일곱 살 지희는 한글 읽기가 서툴렀습니다. 영어는 원어민처럼 발음하고, 심지어 친구들과 대화를 할 때는 영어로 하였습니다. 그런데 우리말을 할 때는 어순이 어색하거나 더듬거렸습니다. 영어 위주의 교육을 많이 받아서 그런 겁니다. 한글 읽기를 어려워하는 지희에게 수업 시간에 소리 내어 읽는 연습을 시키고 있습니다. 지희뿐만 아니라 수업에 오는 아이들이라면 중학생들에게도 지문을 소리 내어 읽게 합니다. 짧은 수업 시간이라 눈으로 지문을 읽으면 더 빨리 진행이 되겠지만, 어휘를 잘 읽고 있는지 확인하고 싶은 마음에, 눈으로 읽고 귀로 다시 듣는 효과를 얻기 위해서 늘 소리 내어 읽게 합니다.

불과 몇 년 전만 해도 소리 내어 책을 읽는 것은 어린 저학년만 하는 거라 여겼습니다. 하지만 책을 읽어주니 초등 고학년 아이들도 좋아했습니다. 4학년인 성준이는 역사를 좋아하였습니다. 그런데 이야기책이나 문학책 읽는 것은 좋아하지 않았습니다. 지식 책과 이야기책을 골고루 읽게 하고 싶은 성준이의 어머님은 아이와 함께 책 읽기를 하셨습니다. 좋아하는 책은 아이가 직접 고르게 하고, 이야기책은 고전이나 명작 중에 선택해서 읽어주셨습니다. 아이가 좋아하는 이야기나 책은 두 번도 읽어주었더니 서서히 이야기책도 관심 갖기 시작하였습니다. 혹시 초등 고학년 아이들 중에 책을 좋아하지 않는 아이가 있다면 엄마와 함께 매일 15분 책 읽기를 추천합니다. 소리 내어 책 읽는 것은 스스로 하는 것도 좋고, 엄마나 다른 사람의 소리를 듣는 것도 좋습니다.

소리 내어 읽기, 이것이 좋다

읽기 독립을 전후한 시기에는 아이들의 읽기가 익숙하지 않을 겁니다. 이제 막 글자를 익힌 아이에게 책 읽기를 혼자 하게 하면 아이는 생각하면서 읽기가 어렵습니다. 아이가 학교에 입학하고 읽기 독립이 되면 더 이상 읽어주지 않아도 스스로 읽을 거라고 생각을 하여 책 읽어주기를 멈추게 됩니다. 서우는 초등학교에 입학하고 나서 혼자 잘 읽었습니다.

그런데 어느 날 아이의 책 읽는 모습이 의심스러웠습니다. 제대로 읽는 것 같지 않고, 책을 대충 훑어보는 것 같았습니다. 다 읽었다고 하는데 책의 내용 대화를 하면 뭔가 엄마 마음에 차지 않았습니다. 그래서 혼자 읽는 시기를 더 늦춰야겠다고 생각했습니다. 아이가 혼자 읽을 때는 소리를 내서 읽게 하고, 그 외는 엄마가 읽어주는 방법으로 변경하였습니다. 엄마가 읽어주면, 눈으로 책을 보면서 귀로 소리를 들으니깐 의미를 파악하는 데 좀 더 도움이 되었습니다. 편안한 분위기 속에서 책을 읽게 되니 아이는 책을 편안하게 느끼고 책을 좋아하게 되었던 거 아닐까 싶습니다.

아이들이 읽기 독립이 되었더라도 직접 소리를 내어 낭독하는 것이 좋습니다. 소리 내어 읽을 때 눈으로 보는 텍스트와 귀로 듣는 소리가 연계되기 때문입니다. 아이들과 제일 많이 했던 방법은 한 페이지씩 나누어 읽는 것입니다. 어쩌다가 글이 없고 그림만 있어서 읽지 않고 넘어가면 아이는 자기가 읽을 분량은 없다면서 좋아하기도 했습니다. 또 틀리지 않고 한 페이지 다 읽기 시합도 했습니다. 한 페이지를 더듬지 않으면서 쉬지 않고 다 읽으면 성공하는 셈이지요. 엄마와 하는 시합임에도 잘하려는 승부욕이 생겨서 열심히 하였습니다. 아이들이 글을 소리 내어 읽게 되면 집중력이 향상되며, 어휘도 잘 기억하게 됩니다. 낭독할 때 어휘를 정확하게 발음하고 끊어 읽으려고 노력하더라고요. 이때 어휘력이 늘어납니다.

어휘력을 기르기 위해서는 어휘를 눈여겨보고, 직접 일상생활에서 사용해보는 연습을 하면 좋습니다. 아이들이 소리 내어 책을 읽을 때 모르는 어휘가 나오면 더듬거리게 됩니다. 엄마는 아이가 더듬거리면서 읽는 어휘를 설명해주면서 상호 작용을 할 수 있습니다. 아는 어휘와 모르는 어휘가 구분되기 때문에 어휘를 습득하는 데도 도움이 됩니다. 어휘력을 연습하기 위한 가장 좋은 방법이 직접 소리 내어 읽는 것입니다.

소리 내어 읽는 노하우

　문해력이 좋다는 건 깊이 읽을 수 있다는 뜻입니다. 글을 잘 읽는다는 건 문장을 이해하며 책 속 등장인물의 상황을 이해하고, 비판적인 사고를 하게 되는 것을 뜻합니다. 문해력을 기르기 위한 가장 좋은 방법은 소리 내어 읽는 것입니다. 스마트폰에 익숙한 어른들도 많은 정보를 최대한 빠르게 습득하기 위해 훑어 읽기를 합니다. 압축된 형태로 읽거나 필요한 정보를 선별해서 읽는 식입니다. 아이들은 읽기 능력을 배워야 하는 시기이므로 훑어 읽는 방식으로 하면 읽기 능력을 습득하기 어렵습니다. 독서 논술 수업을 하다 보면 제대로 읽는 방법을 배우지 못한 아이들이 보입니다. 한 줄, 한 줄 읽는 방식보다는 훑어 읽는 방식으로 책을 읽으면 세부 줄거리를 기억하거나 논리 구조를 이해하기 어렵습니다. 훑어 읽기 방식에 익숙해지면 어려운 어휘는 건너뛰면서 읽고, 복잡한 구문은 이해하지 않게 됩니다. 특히 책의 내용 중에 배경 지식에 대한 자료는 읽지 않게 됩니다. 예를 들어 학습만화를 읽을 때 말풍선 속의 대화체만 읽고, 작은 글씨로 되어 있는 학습정보나 배경 지식은 읽지 않고 건너뛰는 경우입니다. 이렇게 읽는 방식이 누적되면 글쓰기에도 영향을 줍니다. 어휘 선택이 좁아지게 되므로 논리성이 부족한 글이 됩니다.

　문장을 소리 내어 읽게 되면 글자의 규칙을 이해하게 되고, 어휘의 뜻도 잘 파악하게 됩니다. 초등 고학년은 읽기를 능숙하게 하여 학습으로 연결하는 시기입니다. 이 시기 전에 읽기 연습이 능숙하게 되어 있지 않으면 국어 과목뿐만 아니라 수학이나 과학 등의 다른 과목에도 영향을 미치게 됩니다. 소리 내어 읽는 것은 미취학 아이들이나 저학년 아이들에게만 해당하는 내용은 아닙니다. 중학교 1학년 은빈이는 읽기는 잘하지만, 문장을 건너뛰고 읽는 편이었습니다. 수업 시간마다 소리 내어 읽는 연습을 하였더니 소리에 집중하면서 문장이나 어휘를 잘 해석하게 되었습니다. 눈으로 읽는 것은 스마트폰 등의 디지털 매체를 읽을 때 필요합니다. 디지털 매체는 짧고 자극적인 정보가 많으므로 훑어 읽기만으로도 정보를 습득할 수 있습니다. 하지만 깊이 있게 읽기 위해서는 소리 내어 읽는 연습을 통해 읽기 능력을 키우는 것이 좋습니다. 소리 내어 읽는 것을 통해 어휘를 이해하고, 문장을 해석하며 책 속 인물들의 마음을 이해함으로써 아이들의 공감 능력을 키우는 데도 도움을 줄 수 있습니다.

"엄마, 방귀는 소화하는 과정에서 나오는데, 방귀를 뀌면 상쾌해요. 근데 소리가 요란하다는 건 뭐예요?"
"소리가 요란하다는 건 몹시 시끄럽고 떠들썩한 소리가 나는 것이야."
"아, 학교에서 쉬는 시간에 남자아이들이 요란하게 떠들었어요."

소리 내어 읽으면 아는 글자와 모르는 글자를 구분할 수 있습니다. 엄마가 곁에 있다 모르는 어휘가 나오면 알려 줍니다. '잘못을 지적'하는 게 아니라 '함께 읽는 시간'입니다. 혼나는 분위기가 아니니까 아이는 편하고 자유롭게 '질문'하면서 배우고 익히게 됩니다. 아는 어휘는 점점 많아지고 소리 내어 읽는 것이 한결 자연스러워집니다. 아이의 목소리도 함께 커집니다. 자신감과 자존감이 올라갑니다.

4.

흥미를 떨어뜨리는 책 읽기
vs
흥미를 불러일으키는 책 읽기

"우리 아이는 어렸을 적에는 책을 잘 읽었는데, 커갈수록 만화책만 읽고 책을 잘 안 읽어요."

엄마들과 상담을 할 때 가장 많이 듣는 내용입니다. 책을 좋아하는 아이로 키우기 위해서는 책 읽기의 즐거움을 느끼게 하라고 하였는데 어떻게 하면 될까요? 자칫 억지로 책을 들이밀었다가는 아이는 책에 등을 돌리게 됩니다. 흥미를 떨어뜨리는 책 읽기 유형은 다음과 같습니다. 우선 집에서 엄마와의 즐거운 독서 경험이 없는 경우입니다. 독서 교실의 세빈이는 여섯 살부터 일곱 살까지 수업을 하였습니다. 엄마, 아빠께서 각

각 사업을 하고 계셔서 바쁘셨기에 여러 가지 공부를 외부에서 선생님들과 하고 있었던 아이입니다. 엄마께서는 책을 읽어준 적이 거의 없다고 하셨습니다. 세빈이는 읽기 독립이 되어 일찍부터 책을 혼자 읽었습니다. 처음에는 책을 좋아하는 편이었으나, 혼자 읽는 책 읽기에 흥미를 잃어버렸던 아이입니다. 엄마의 따뜻한 품이 더 필요했던 것 같습니다. 책에 대한 따뜻한 이미지를 찾지 못해 안타까웠습니다. 저와 하는 일주일한 번 수업으로는 부족했는데, 학교 입학 전 이사를 하는 바람에 수업을 지속 못 하여서 책에 대한 친밀도가 올라가지 못했습니다. 어렸을 적 엄마와의 즐거운 독서 경험이 중요하다는 것을 깨달았던 사례입니다.

두 번째는 아이가 좋아하는 책의 분야를 찾지 않고 마구 읽으라고 하는 경우입니다. 곤충을 좋아하는 아이에게 역사책을 읽어주면 아이는 관심을 보이지 않습니다. 아이가 좋아하는 분야를 찾기 위해서라도 여러 분야의 책을 읽어주면서 아이가 흥미 있어 하는 분야의 책을 찾는 것이 필요합니다. 아이가 원하는 책, 흥미에 맞는 책을 읽지 않으면 아이는 책을 지루하게 생각하게 됩니다.

세 번째는 책 읽기를 숙제처럼 강제로 읽게 하는 경우입니다. 칭찬 스티커는 아이와 협의하여 정할 수 있는 정도이지만 공부하는 것처럼 강제로 책을 읽게 하는 것은 책에 대한 흥미를 떨어뜨리는 지름길입니다. 4학년 시영이는 어렸을 적부터 책을 좋아해서 잠자리 독서를 할 때 책을 한 권만 더 읽어달라고 조르는 때가 많았습니다. 하지만 학년이 올라갈

수록 책 읽기는 부담이 되어버렸습니다. 책을 읽으라고 이야기하는 대신에 스스로 동기부여를 해주어야 합니다. 아이의 관심사를 파악한 뒤 책을 통해 배경 지식을 확장해주고, 체험 학습, 관찰, 만들기, 박물관 등을 통해 아이의 경험을 늘려주어야 하는데, 경험과 연결되지 않는 강제 숙제가 되었던 것이지요. 쉬운 말처럼 들리지만 사실 어려운 일입니다. 노력이 조금 필요합니다. 의무적으로 읽게 하지 않는 대신에 아이의 관심사와 연결해 책을 좋아하도록 하는 것이니까요. 하지만 장기적으로 봤을 때는 관심사를 책으로 연결한 경험이 훨씬 더 도움이 되기도 합니다. 아이들이 책을 읽는데 흥미를 불러일으키는 방법을 소개하려고 합니다.

공감을 불러일으키는 감정 책 읽기!

일반적으로 외향적인 아이가 사회성이 좋다고 이야기를 하지만, 외향적인 아이와 내향적인 아이의 사회성은 별도의 이야기입니다. 사회성은 공감 능력이 좋고, 사람들과 예의 바르게 관계를 잘 맺는 것을 의미합니다. 다른 사람에게 예의 바르게 대하고, 존중해주는 것은 부모와의 관계가 좋을 때 반영이 됩니다. 부모가 아이를 믿어주었을 때 아이도 다른 사람과 관계 맺기를 잘하게 되는 것이지요. 이러한 공감 능력을 키우기 위해서는 부모와의 안정적인 애착 관계를 전제로 하여, 책을 읽을 때도 등장인물에 공감하면서 읽는 태도가 필요합니다. 그렇게 될 때 내향성, 외향성과는 상관없이 예의 바르고 공감을 잘하게 됩니다. 시영이는 이야기

책을 좋아했습니다. 숙제처럼 읽는 강제 책 읽기를 멈추고, 좋아하는 책을 선택하게 하니 여자 주인공이 나오는 성장 이야기를 좋아한다는 걸 알게 되었어요. 책의 주인공이 어렸을 적에 고생하고 힘들었던 일에 공감하면서 책을 읽다 보니 어떤 상황에서 도덕과 예의를 지켜야 하는지 판단할 줄 아는 아이로 커가고 있습니다. 이는 부모님이 숙제처럼 읽게 하는 책 읽기를 중단하고, 시영이를 믿었기 때문에 가능했습니다.

또래와 관계를 맺고 사이좋게 지내는 책을 읽으며 여러 가지 상황에서 어떤 행동을 하면 좋을지 이야기를 나눠보는 것도 좋습니다. 무엇보다도 자신의 이익만 생각하지 않고, 다른 사람의 말을 잘 듣고 있는지 살펴보고 다른 사람에게 관심을 가지고 이해하도록 해야 합니다. 아이가 책의 등장인물에 대해 이해를 하고 있는지 살펴보세요. 잘 이해하지 못할 때 꾸중을 하는 게 아니라 아이의 말을 들어주고 이해해주어야 합니다. 시영이는 학교생활이나 또래 관계의 책에서 등장인물이 기쁜 상황, 친구 때문에 분노하는 상황, 좌절하는 상황 등을 이해하며 자신을 책 속 주인공에 이입시키며 읽게 되었습니다. 다른 사람의 감정에 공감하기 위해서는 스스로의 감정을 잘 이해해야 하므로 자신도 이런 경험이 있었는지 대입을 시켰습니다. 책을 읽으며 아이가 자신의 감정을 잘 알아차리고 표현하게 되자 책에 더 흥미를 갖게 되었습니다. 책과 자신의 삶이 별개가 아니고 책을 통해 자신의 감정을 인정하고 어떻게 다스려야 하는지 알게 된 것입니다. 책을 읽는 이유는 세상과 소통하고 다른 사람과 공감하며 나를 이해하는 일이기도 합니다. 이는 결국 문해력과 연결이 됩니다.

귀가 솔깃해지는 진로 책 읽기!

아이의 꿈이나 진로에 대해 고민을 한다면 인물 책 읽기로 시작하는 게 좋습니다. 인물 개인의 삶뿐만 아니라 열정이나 도전 정신을 배워보는 거지요. 또 학교 추천 필독서에 연연하지 않으면서 아이가 흥미로워하는 분야의 책을 집중해서 읽게 해야 합니다. 아이 관심사와 연결된 책 읽기는 중·고등 시기의 진로와도 연계가 됩니다.

시영이는 『내 꿈은 방울토마토 엄마』처럼 꿈을 하나씩 찾아 나가는 창작 동화를 읽고 자신의 꿈을 고민해보기 시작하였다고 했습니다. 진로는 빨리 찾을 수도 있고, 늦게 결정되기도 합니다. 자신의 재능을 발견하거나 진로를 탐색하는 과정을 많이 거치면 도움이 됩니다. 생각을 글이나 말로 표현하면서 꿈이나 진로를 찾아가니 책에 대한 흥미를 높여갈 수 있습니다.

주인공에 공감하는 마음 책 읽기!

그림책을 읽을 때는 그림을 따라 읽으면서 이야기의 내용을 파악합니다. 이야기 순서대로 배열을 해보는 형태로 이야기를 나눠보았습니다. 그림책에는 의성어나 의태어가 많이 나오기 때문에 뜻을 익히고 일상에서 활용해보았습니다. 그림을 먼저 훑어보며 이야기해보고, 주인공의 마음을 파악해서 주인공에게 편지를 쓰거나 자신이 등장인물이 되어 일기를 써보는 활동을 하였습니다.

이야기책을 읽을 때는 화자나 등장인물의 마음, 상황을 파악하고, 인물의 말과 태도를 이해하도록 했습니다. 작가나 등장인물에 공감하면서 읽는 방법이지요. 우선 독서 전에는 적절한 질문을 통해 호기심을 불러일으켰습니다. 예를 들어 책 표지의 그림을 보면서 주인공 아이의 첫인상이 어떤지, 아이의 성격이 어떨 것 같은지, 왜 이런 행동을 하는 것 같은지에 대한 내용으로 대화를 나눠보았습니다. '만약 나라면 어떠한 행동과 생각을 했을까?'라는 질문에 답을 해보도록 했습니다.

5.

초등 입학 전
_ 독서 자신감,
공부 재미를 붙여라

아이들을 키우다 보면 어느 날은 욱하는 감정이 올라오기도 하고, 어느 날은 힘들고 지친 마음이 들게 됩니다. 먹이고 씻기는 일은 빼먹을 수가 없는 일이지만 아이에게 책을 읽어주는 일은 이렇게 엄마가 지친 날건너뛰기 일쑤가 됩니다. 저는 어떻게든 하루 한 번은 읽어 줘야겠다고 결심했습니다. 엄마가 책을 읽어주어야 그날의 일과가 완성되었기에 하나의 습관이 되어갔습니다. 엄마의 기분, 그날의 상황에도 불구하고 책을 읽어주었습니다. 오늘 다 못 읽어준 책은 다음날에 이어서 읽었습니다. 아이들은 바깥 활동이 많은 날이거나 피곤한 날에 책을 읽기 싫어하기도 했습니다. 그럴 때는 글의 분량이 적은 책을 읽거나 많이 읽어서 익숙한 내용의 책을 읽어주기도 하였습니다. 꼭 책을 처음부터 끝까지 다 읽어주어야 한다는 생각을 버렸습니다.

주변을 보면 아이가 어릴 때 책을 읽어주는 엄마들은 많습니다. 하지만 취학 전 나이가 되고 읽기 독립이 시작되면 아이에게 매일 책을 읽어주는 엄마가 드물게 됩니다. 열심히 책을 읽어주던 엄마들이 태권도나 미술, 피아노와 같은 예체능 사교육으로 눈을 돌립니다. 주변 엄마들은 책 읽기를 학습이나 공부를 잘하기 위한 수단으로 생각하곤 하였습니다. 하지만 아이로서는 친절하게 책을 읽어주던 엄마가 학원이나 공부하라는 잔소리를 하는 엄마로 변한 것으로 느꼈을 것 같습니다.

단 15분으로 효과가 있는 엄마 책 읽기

학교에 입학하기 전에는 엄마의 목소리로 직접 읽어주는 게 좋습니다. 엄마가 책을 읽어주는 목소리를 들으며 아이는 마음이 따뜻해지고 어휘력도 늘어납니다. 아이들은 그림책을 읽으면서 어휘를 배워갑니다. 독서에 필요한 시각, 청각을 처리하는 뇌 발달이 7세 전에는 완성되지 않는다는 연구 자료에 대한 믿음을 가지고 아이들에게 꾸준히 책을 읽어주었습니다.

엄마와 살을 비비면서 엄마의 따뜻한 목소리로 읽어주는 책을 들은 아이는 엄마의 사랑을 받는 욕구가 충족되고, 마음이 편안해집니다. 엄마와의 스킨십을 통해 정서가 채워지고, 책 읽는 순간만큼은 엄마를 독차지하게 됩니다. 엄마가 사교육에 눈을 돌리면 아이의 눈빛도 달라집니다. 엄마와의 책 읽기 시간에 느꼈던 정서가 채워지지 않게 되는 것이지요. 부모와 아이가 느꼈던 친밀감이 부족해지게 됩니다.

오디오북이나 음성 펜으로 책을 읽어주는 경우도 많습니다. 물론 책을 안 읽는 것보다 훨씬 좋지만, 오디오북이나 음성 펜은 상호 작용이나 피드백을 할 수 없다는 단점이 있습니다. 살을 비빌 수도 없고, 숨결을 느낄 수도 없습니다.

엄마의 목소리로 읽어주는 책 읽기가 단순한 책 읽기가 아닌 이유가 있습니다. 아이는 엄마의 입 모양을 보고, 엄마의 발음을 듣고, 엄마의 행동을 흉내 내면서 학습을 하게 되기 때문입니다. 오디오북이나 음성 펜이 아무리 동화구연을 잘한다고 해도 엄마의 느낌과는 다르겠지요. 엄마가 아이에게 집중하면 아이는 언제나 엄마를 바라봅니다. 엄마만 바라보고 있는데, 책을 읽어주지 못할 이유가 뭐가 있겠는가 싶습니다. 조금만 더 웃고, 조금만 더 편하게 아이를 대하면 아이도 엄마를 바라본다는 것을 알게 되었습니다. 책을 통해 심리적으로 친밀해지고, 정서가 채워지는 효과가 있었습니다.

초등 입학 전까지는 본문 읽기에 충실했고, 아이와는 단 한마디만이라도 나누는 것을 목표로 했습니다. 아이가 말을 하면 귀담아듣고, 대화를 이어나갔고, 말을 하지 않으면 다음 책으로 넘어갔습니다. 물론 책의 내용에 따라 엄마가 대화를 이끌어야 하는 부분도 있습니다. 하지만 자주 읽다 보면 아이의 질문과 반응만으로도 시간이 잘 흘러갔고, 대화가 이어져 나갔습니다. 엄마가 섣불리 먼저 나서서 지식을 전달하려고 하지 않고 아이의 속도대로 따라갔습니다. 어떤 것이 기억에 남는지, 무엇을 배웠는지 물어보지 않았습니다. 이렇게 물어보면 그냥 좋았다고 대답하기 일쑤였기 때문입니다. 오히려 질문을 안 하며, 아이의 반응에 주목하다 보니 한두 마디 감상을 던지거나 모르는 어휘를 질문하기도 했습니다. 책에서 나온 내용을 따라서 하고 싶다고도 했습니다.

글자를 읽을 수 있게 되었을 때는 한 페이지씩 나눠서 읽기도 하였습니다. 하지만 나눠 읽는 것도 원할 때만 하였습니다. 소리를 내어 낭독하게 되면 어떤 글자의 발음을 잘못 읽는지, 띄어서 읽는 것을 하는지 알 수 있습니다. 엄마의 목소리와 발음을 통해 글자의 발음을 배우기도 하고, 엄마가 읽어주는 동안 그림에 집중하기도 하였습니다. 목소리의 강약을 조절하면서 실감 나게 읽어주는 것이 제일 좋지만 그렇지 않더라도 엄마와 이렇게 책을 주고받으면서 읽는 경험이 더 소중하였습니다.

단숨에 사로잡는 유아 책 읽기의 기술

유아 시기였을 때는 그림책에 집중하였습니다. 엄마가 책을 읽어주는 동안 아이들은 책의 그림에 집중할 수 있었어요. 소극적인 성격의 엄마이지만 자격증 과정에서 배웠던 동화 구연 내용을 최대한 떠올리며 실감 나게 읽어주려고 노력하였습니다. 엄마가 연기를 잘하지 않더라도 목소리의 강약조절만 해도 아이들은 웃었습니다. 엄마가 책의 내용을 흉내내는 것만으로도 아이들의 관심을 사로잡을 수 있었습니다. 책은 아이가 직접 고르도록 했습니다. 아이가 고른 책들과 엄마가 고른 책 한두 권을 포함시켜 읽어주는 편이었습니다. 책을 읽은 후에는 책에서 나온 등장인물과 어울리는 놀이를 하거나 책에 대한 짧은 대화를 나누었습니다.

오늘 읽을 그림책을 선택한 후에는 책을 바로 펴지 않고, 책의 표지를 보며 그림을 살폈습니다. 표지 속 등장인물이 어떤 표정을 짓고 있는지, 제목과 작가를 살펴보고 표지를 넘겼습니다. 문해력 기르기는 책 표지의 이미지부터 활용할 수 있습니다. 등장인물이 왜 이런 표정을 지은 것 같은지 미리 상상해보는 것만으로도 깊이 이해가 됩니다. 그림책을 읽은 후에는 그림책의 삽화 순서를 섞어둔 다음에 순서를 연결하여 이야기를 다시 만들어보는 활동도 하였습니다.

초등 입학 전 한글 교육의 지름길은 책 읽기

'한글을 빨리 읽으면 엄마가 안 읽어줘도 되니 빨리 읽기 독립이 되면 좋겠다!'

아이가 한글을 빨리 익히면 읽기 독립이 되어서 엄마가 책을 안 읽어

쥐도 된다고 생각하기 때문입니다. 또 한글을 빨리 익혀야 공부를 일찍 시작하게 되어 학교에서도 뒤처지지 않을 것이라고 기대하는 엄마들도 있습니다. 하지만 일찍 한글을 익혔다고 해서 공부를 잘하게 되지는 않는 것 같습니다.

요즘에는 학교에 입학하기 전에 유치원이나 어린이집에서도 한글을 접하기 때문에 자연스럽게 한글을 익히게 되는 경우도 많이 있습니다. 따라서 일부러 한글을 빨리 떼기 위해 노력하기보다는 가정에서 책을 자연스럽게 읽어주면서 한글에 대한 노출을 많이 해주려고 하였습니다. 한글을 일찍 뗀 이후에 부모가 책을 읽어주지 않는다면 아이는 글자만을 읽고 내용 이해를 못 하게 되기도 하거든요. 핀란드에서는 초등 입학 전에 언어 교육이 금지되어 있고, 중학생이 된 아이에게도 책을 읽어준다고 합니다. 우리 아이들도 중학생이 될 때까지 책을 읽어주는 건 어떨까 싶습니다. 어렸을 때 책 읽기를 해주지 못하였다고 해도 괜찮습니다. 지금이라도 하루에 15분 동안만 매일 꾸준히 책을 읽어도 아이들이 어릴 때 엄마에게 들었던 책 읽기 효과와 같은 결과를 얻을 수 있습니다.

초등학교 입학을 앞두었을 때 학교생활에 자신감을 키워주는 책 읽기에 신경을 많이 썼습니다. 초등학교도 작은 사회입니다. 사회 안에서 잘 지내기 위해 친구들과의 관계, 실패를 두려워하지 않는 마음의 책을 선택하였습니다. 또한, 아이들이 시간을 잘 확인하고 등교나 하교를 할 수 있고, 바른 자세로 40분 동안 앉아 있을 수 있도록 습관을 길러주기 위해 노력하였습니다. 독서를 통한 자신감을 키우며 공부에 대한 흥미를 유발할 수 있도록 하는 게 초등 입학 전 책 읽기의 목표였습니다.

6.

초등 저학년
_ 독서 입문기,
책과 친해져라

초등 저학년 책 읽기의 목표는 생각을 표현하는 능력을 기르고 다양한 관점을 갖게 하는 것입니다. 독서 교실에 오는 아이들이 책과 관련된 다양한 활동을 하며 책과 친숙해지게 하고 싶었습니다. 또 제 아이들이 커 가면서 다양하게 책을 읽고, 책의 주인공이나 등장인물에 대해서도 깊이 있게 이해할 수 있도록 책을 계속 읽어주었습니다. 아이마다 다를 수 있다는 것을 인정하고 첫째 아이와 둘째 아이의 성향이 다르다는 걸 인정했습니다. 서준이는 공룡, 자동차 등 탈 것, 우주, 자연현상 등에 관심이 많았던 반면에 서우는 다른 분야에 호기심을 가지고 있었습니다. 서준이가 읽었던 책을 서우에게 그대로 들이밀었더니 좋아하지 않는 건 당연했습니다. 그래서 둘째 아이를 위한 책을 구매했습니다. 디즈니 책이 제일 반응이 좋았습니다. 공주가 많이 나왔기 때문입니다.

책과 친해진 결정적 계기가 있었습니다. 디즈니 만화영화를 그림책으로 요약해서 만든 책이 있습니다. '디즈니 무비동화'입니다. 『겨울왕국』1편과 2편, 『도리를 찾아서』 그리고 『잠자는 숲속의 공주』를 비롯한 여러 공주님들의 시리즈로 확장해나갔습니다. 아이에게 수준이 맞지 않으니 다른 것을 읽으라고 하거나 설득하려고 하지 않았습니다. 남편은 이제 초등학생이니 혼자 읽으라고 했지만, 초등학교 3학년까지 꾸준히 읽어주었습니다. '디즈니 골든 명작' 시리즈도 아이의 마음을 흔들었습니다. 어떤 점에서 아이의 호기심을 끌었는지 관찰했습니다. 처음에는 공주라는 호기심 매개체가 있었다면 이제는 이야기의 전개에 관심으로 옮겨갔습니다. 호기심은 자연스럽게 관심 영역을 확장합니다. 그리고 스스로 질문을 던지면서 생각의 폭을 넓혀나갑니다.

학교에서는 알려주지 않는 저학년 독서법

책을 함께 읽으며 아이의 다양한 관점을 이해하게 되었습니다. 다른 아이들과 비교하거나 더 수준 있는 책을 읽어야 한다는 생각을 깨고 아이의 수준에 맞게 읽게 하니 아이는 꾸준히 독서를 이어갈 수 있었습니다. 책 읽기는 정해진 나이별 또는 학년별 추천 책대로 읽어야 하는 것은 아닙니다. 아이의 생각과 관심사가 확장되어가는 동안에 아이가 원하는 분야의 책을 읽으면 되는 것이었습니다. 아이가 관심 있어 하는 분야이다 보니 자연스럽게 질문하면 대화가 잘 이루어지기도 하였습니다. 즐겁게 대화하면서 책을 읽다 보니 더 호기심을 가지게 되었습니다.

우선 엄마와 안전하게 대화하는 방식을 선택했습니다. 아이의 생각을 판단하지 않고 안전하게 어떤 이야기도 할 수 있는 상황을 만들었습니다. 어떠한 이야기를 해도 엄마가 반응해준다는 안전한 분위기가 되니 편하게 생각을 표현하게 되었습니다. 다음으로는 책을 읽고 단 한 마디만 이야기하도록 하였습니다. 어느 날에는 한 마디도 이야기할 것이 없다고 하였습니다. 이런 때에는 질문을 만들어보라고도 하였습니다. 책에서 호기심을 가졌던 부분에 대해 질문을 만들어서 이야기하다 보면 대화가 이어졌습니다.

아이의 감정을 알아차리는 것을 중요시했습니다. 기쁘고, 행복하고, 슬프고, 억울한 감정을 스스로 알아차리고 표현하도록 했습니다. 무엇보다도 오랫동안 책을 읽어주려고 합니다. 글자를 모르기 때문이 아닙니다. 엄마의 목소리로 책을 읽어주고, 책을 읽는 내내 살을 비비면서, 아이의 감정을 이해해보는 과정입니다. 일하는 엄마이기에 아이와 함께 하는 시간이 길지 않았습니다. 아이들을 대상으로 하는 일이다 보니 다른 사교육처럼 오후 시간과 저녁 시간에 일을 많이 하였습니다. 따라서 제 아이들을 직접 만나는 시간은 그리 길지 않았기에 최대한 집중해서 감정을 공유하고 싶었습니다. 매일 그렇게 하지는 못했지만, 아이와 대화를 이어가는 시간, 그리고 책을 매개체로 하는 시간을 소중하게 생각했습니다. 책으로 이어지는 시간이 쌓인다면 책을 좋아하는 아이로 자랄 것으로 믿었습니다.

그렇다고 무조건 책만 들이밀지는 않았습니다. 초등 저학년 시기에는 책과 관련된 다양한 활동으로 책과 친숙하게 되는 과정이 필요하기 때문입니다. 책에 나온 주인공에 대해서 이야기를 해보게 하고, 이야기를 바꿔보는 놀이를 해보는 것도 자주 하였습니다. 다만 책 놀이에서 그치지 않고, 이야기로 이어지도록 했습니다. 초등학교 3학년 이전까지는 낭독으로 읽게 하는 것이 좋기에 소리 내어 읽기도 자주 했습니다. 글을 읽고 해석을 하려면 정확히 읽어야 합니다. 더듬더듬 읽게 되면 의미를 해석하지 못하고, 글자 읽는 것에만 집중을 하게 됩니다. 책을 읽은 후 동화구연을 해보거나 역할극을 해보는 것도 아이의 흥미를 끌어낼 수 있었습니다. 책을 읽고 난 후 이야기를 나누다 보면 책에 대해서 몰랐던 내용, 안 보였던 그림 등이 보이게 되어 단순히 책만 읽고 끝나는 게 아니라 주제를 이해하게 되었습니다.

초등 저학년 문해력을 키우기 위한 조언

초등 저학년 시기는 책과 친해지는 시기입니다. 아이들이 책과 친해질 수 있도록 징검다리를 놓아주는 것이 엄마의 역할입니다. 책에 나오는 등장인물이나 새로 알게 된 내용으로 이야기를 나눠보고, 이야기를 바꿔보는 놀이를 하거나 아이가 직접 알게 된 내용을 이야기해보게 하였습니다. 서우는 혼자 읽는 책이 있고, 엄마가 읽어주는 책, 혼자 소리 내어 읽는 책이 구분되어 있습니다. 엄마가 읽어주는 소리를 들으며 정확한 발음을 익힐 수 있습니다. 아이는 이제 그림책에서 문고판으로 넘어가는 시기에 있습니다. 그림책을 충분히 즐긴 이후에 이야기 위주의 문고판에 서서히 재미를 들리고 있습니다. 재미가 있는 책을 읽을 때 책에서 모르는 어휘가 나왔을 때 아이가 호기심을 갖게 됩니다. 문맥상의 의미를 파악해보고, 주위 사람들에게 도움을 받아 어휘의 뜻을 정확하게 알고 넘어가는 연습을 하면 문해력 향상에 도움이 되었던 것 같습니다.

어휘에는 한자어가 많습니다. 어렸을 적부터 한자 사교육을 하라는 의미가 아닙니다. 한자어에 노출을 해주면 아이들이 유추하는 능력이 생깁니다. 이때 어린이 신문을 활용하면 좋습니다. 예를 들어 어린이 신문에 '소화전'이라는 한자어가 나오고, 사라질 소, 불 화, 마개 전이라고 정의가 되어 있으면 한자의 쓰기를 외우는 것보다는 한자어가 이렇게 쓰이는 정도로 이해하였습니다. 아이들도 소화기에 대해서는 대부분 들어봤을 것이기 때문에 잘 이해하더라고요. 여기에서 '소화'가 한자로 만들어진 단어라는 것을 인지하게 될 때 다음에 비슷한 한자어가 나오게 되면 예전에 봤던 것을 떠올릴 수 있게 되는 것 같습니다. 어휘는 한 번에 익히는 게 아니라 조금씩 쌓이게 됩니다.

저학년들은 문장을 읽을 때 제대로 끊어 읽는 연습부터 해야 합니다.

"누가, 무엇을"에 해당하는 부분의 앞뒤에서 적절하게 끊어 읽을 때 의미 파악이 쉽기 때문입니다. 제대로 읽는다는 건 유창성을 획득하는 것인데요. 더듬거리지 않은 상태로 부드럽게 잘 읽어야 합니다. 유창성 있게 읽지 못하면 문해력을 높이는 건 어려운 것 같습니다.

책에 익숙해지기 시작하면 책의 글의 분량을 늘려나가는 것도 필요합니다. 책의 내용이 많아지면서 구성도 복잡해지고, 등장인물도 다양해집니다. 그러면서 더 재밌어하고, 어려워하기도 합니다. 글의 분량을 늘릴 때는 무조건 재미있는 책을 선택해서 아이들이 재밌는 구성과 이야기에 흠뻑 빠지도록 도와주어야 합니다. 그림판에서 문고판으로 글의 양 늘릴 때 도움이 되는 책을 소개합니다.

★ 글의 분량 늘리기에 좋은 책 - 『국시 꼬랭이』, 『개냥이 수사대』, 『책 먹는 여우』, 『잭키마론』, 『비룡소 새싹 인물전』, 『내 맘대로 뽑기』, 『깜냥』, 『만복이네 떡집』, 『아름다운 가치사전』, 『아홉 살 마음 시리즈』, 『읽으면서 써먹는 시리즈』『술술이 책방』, 『제멋대로 휴가』, 『하늘을 나는 책 』, 『루루와 라라』, 『고양이 소녀 키티』, 『무엇이든 마녀상회』, 『사라진 날 시리즈 』, 『똥볶이 할멈』

★ 문고판으로 가기에 좋은 책 - 『난 책 읽기가 좋아 1단계, 2단계』, 『저학년 문고 시리즈』, 『이사도라문』, 『병만이와 동만이와 만만이 』, 『몬스터 과학』

7.

초등 중학년
_ 독서 확장기,
배경 지식을 넓혀라

아이가 초등 중학년이 되면 학교생활에 자신감이 생깁니다. 1~2학년 시기처럼 학교생활이 어려운 것도 아니고, 등, 하교하는 것도 능숙하게 잘해나가지요. 학교생활에 적응이 되어 아이들의 자신감이 상승하는 시기입니다. 책을 읽는 데도 익숙함이 느껴집니다. 이 시기는 대부분 읽기 독립이 되었기에 직접 책을 선택해서 읽을 때 자신감을 가집니다.

하지만 3학년이 되면 교과 과목의 수가 늘어나고, 어려워집니다. 글자 수도 많아지고, 새로운 어휘도 등장합니다. 아이들의 학습 격차가 생기기 시작하는 거지요. 영어, 수학은 사교육으로 인해 아이들의 실력 차이가 생기고, 국어나 사회가 특히 어려워집니다. 3학년부터는 본격적으로 단원평가를 보기 때문에 아이들이 스스로의 실력을 객관적으로 알게 되기도 합니다. 1~2학년 시기에 쌓아온 학습 태도를 기반으로 자신감이 있는 아이는 스스로 공부를 잘하는 아이로 생각을 하고, 반대로 그렇지 않은 경우도 생깁니다. 독서 교실의 3학년 아이들에게는 어휘가 중요한 시기이므로 책을 읽을 때 모르는 어휘가 나오게 되면 동그라미를 치도록 하였습니다. 너무 많은 경우에 다 동그라미를 칠 수는 없지만, 몇 개의 모르는 어휘는 포스트잇에 적어두고 뜻을 익히게 하였습니다. 책을 읽기 전, 읽는 중, 읽은 후에 어휘에 관한 내용을 확인하였습니다. 이때는 숙제 검사하듯이 따지지 않고, 자연스럽게 질문을 하였습니다. 시간 여유가 있을 때는 국어사전을 찾아보는 것이 가장 좋습니다. 새로운 어휘는 국어 과목에서만 중요한 게 아닙니다. 사회나 과학 과목에서도 어휘에 핵심 개념이 들어 있습니다. 개념이 포함된 어휘를 이해해야 교과 과목을 이해할 수 있습니다.

이 시기에는 책을 좋아해서 잘 읽는 아이와 부모님이 읽으라고 해서 읽는 아이로 나뉘게 되기도 합니다. 초등 중학년이어도 책을 잘 읽기 위해서는 아이가 좋아하는 내용이 우선되어야 합니다. 무조건 글의 분량을 늘리는 게 아니라 아이가 관심 있는 분야에 맞게 분량을 늘려주어야 합니다. 학습만화나 그림책만 읽겠다고 하는 아이에게는 특히 아이가 직접 책을 고르게 하면 좋습니다. 아이들은 『전천당』 등 판타지 이야기를 좋아하는 편이지요. 아이들이 좋아하는 분야의 책을 글의 분량을 늘리기 위한 입문 단계로 선택하는 것도 좋습니다.

책에 대한 호불호가 생기는 중학년

4학년 원준이는 부모의 관심 덕분에 책을 좋아하는 아이이기는 했지만 좋아하는 책과 좋아하지 않는 책의 호불호가 강했습니다. 이야기의 흐름이 빠른 창작 동화나 모험 이야기는 좋아하는 편이지만, 지식 정보책은 좋아하지 않았습니다. 『전화 왔시유! 전화』 책은 1970년대의 이야기입니다. 이야기와 지식이 같이 들어있는 책인데 이야기는 흥미롭지만, 정보를 제공하는 부분은 글자도 작고, 읽으려면 집중력도 필요합니다. 지식을 제공하는 부분만 두 번씩 읽도록 하였습니다. 이런 경우에는 아이와 도서관이나 서점에 자주 가보는 것이 좋습니다. 도서관에서 책의 분류 기준도 살펴보고, 도서 검색 방법을 익히면서 스스로 도서관을 이용하는 규칙을 깨닫게 되면 자존감도 올라갑니다. 아이가 생각할 때 '이런 종류의 책도 읽어보고 싶다.' 마음이 들게 되면 좋은 것 같습니다. 흥미롭지 않은 내용의 경우라도 소리 내어 읽어서 정확하게 읽는 연습을 해야 합니다. 교과서를 소리 내어 읽으면 건너뛰며 읽는 습관을 고칠 수 있습니다. 초등 3학년에 시작되는 사회나 과학 과목을 잘하기 위해서는 배경 지식을 습득해야 합니다. 사회나 과학 과목은 교과서에 나오는 개념과 연계되는 독서를 해야 도움을 받을 수 있습니다. 평소에 책을 읽어서 배경 지식을 얻게 되면 학교 교과 수업 시간에도 아는 내용이 나오게 되어 자신감이 올라갈 수 있습니다. 방학 기간에는 학습 격차를 줄일 수 있는 시기입니다. 교과서를 미리 받게 되면 꼭 아이와 함께 소리 내어 읽어보세요. 특히 국어 교과서에 수록되어있는 도서는 함께 읽는 게 도움이 됩니다.

비문학을 챙기자

초등 중학년은 시간의 흐름을 이해할 수 있는 시기이므로 역사에 관한 책 읽기를 시작하면 역사적인 흐름을 이해할 수 있습니다. 역사를 처음 접할 때부터 지식 정보책으로 읽는 것보다는 이야기가 있는 인물 이야기로 시작하면 흥미롭게 읽게 됩니다. 역사책을 읽고 역사와 관련된 유적지나 도시에 역사 여행을 가면 도움이 됩니다. 특히 초등 시기에는 역사 여행이나 체험을 많이 가보기를 추천합니다.

역사 외에도 과학, 인물, 환경 등 다양한 비문학 책을 선택하여 활용하였습니다. 원준이는 비문학 책을 좋아하지 않아서 다양하게 읽게 하려고 시도하였습니다. 책을 선택할 때 한 분야에 치우치지 않도록 살펴봤습니다. 읽은 책의 내용과 연결되는 신문을 활용하여 이야기도 나누었습니다.

원준이와 비문학 책을 읽을 때 글의 내용을 정확하게 이해하고, 핵심어와 중심 내용을 찾으며 글을 정확히 비교하며 읽게 하였습니다. 글에서 말하고자 하는 핵심을 파악하도록 하였습니다. 모르는 어휘가 있는 경우 전체적인 흐름을 이해하기가 어려우므로 개념 어휘를 미리 익히고 책을 읽게 하였습니다. 예를 들어 침식이나 퇴적의 정의를 익힌 다음 과학책을 읽게 한 거지요. 어휘력을 기르는 데 신경을 썼습니다. 과학책을 읽고 나서는 주제가 가지는 특징을 찾고 책을 읽고 새로 알게 된 점을 찾아보게 하였습니다.

중학년 시기는 학교생활이 익숙하다 보니 교실에서 장난을 치는 아이들도 있고, 친구들 사이에서 갈등이 일어나기도 합니다. 갈등을 다 막거나 문제 삼을 필요는 없습니다. 하지만 아이가 친구와의 갈등으로 힘들어한다면 부모가 이야기를 해주거나 책을 읽으며 감정을 해소하는 게 좋습니다. 초등 중학년 시기에 읽기 좋은 책을 소개합니다.

★ 창작 책 - 『4학년 5반 불평쟁이들』, 『덤벼라, 지우개 괴물』, 『양심을 배달합니다』, 『장래 희망이 뭐라고』, 『착한 친구 감별법』, 『전설의 딱지』, 『싸움 구경』, 『나비를 잡는 아버지』, 『아름다운 꼴찌』, 『초록 고양이』, 『이솝 이야기』, 『젓가락 달인』, 『사라, 버스를 타다』

★ 고전 책 - 『박씨전』, 『행복한 왕자』, 『어린 왕자』, 『오즈의 마법사』, 『작은 아씨들』, 『플랜더스의 개』

★ 사회책 - 『그래도 텔레비전 보러 갈 거야!』, 『콩 한 쪽도 나누어요』, 『어린이

가 지구를 구하는 50가지 방법』, 『경주 최 부잣집 이야기』

★ 과학책 – 『지구가 불났다』, 『지진』, 『페트병 온실』, 『빨간 내복의 초능력자』,

『용선생 과학교실』, 『꼬마 탐정 차례로』

★ 역사책 – 『그 여름의 덤더디』, 『서천꽃밭 한락궁이』, 『주시경』

★ 시리즈 – 『전천당』, 『은하수 세계 명작』

8.

초등 고학년
_ 독서 근력 생성기,
책에 몰입하라

아이가 고학년이 될수록 중요해지는 부분이 엄마와 아이와의 관계입니다. 엄마와 아이 사이가 좋으면 많은 일이 해결됩니다. 고학년이 되면 아이를 혼낼 일이 아닌데도 아이에게 소리 지르고 화를 내면서 아이를 통제하게 되는 경우가 많아지기 때문이지요.

부모와 아이의 관계가 좋아지면 아이는 엄마의 책 추천을 거부감 없이 받아들입니다. 저는 아이와 좋은 관계를 유지하기 위해서 "데이"나 가족 문화의 날을 이용했습니다. 매주 목요일 저녁은 보드게임의 날입니다. 다른 일을 하더라도 저녁 8시에는 보드게임 1시간을 하였습니다. 보드게임을 하면서 규칙을 배우는 것은 덤입니다. 1학기나 2학기를 마친 날에는 조촐하게 파티를 해주었고, 학급 임원에 당선되거나 작은 시험에서 성공한 날도 기념하곤 했습니다. 거창하게 외식을 한 것은 아닙니다. 근처 빵 가게에서 5,000원 정도의 미니 케이크를 사거나 먹고 싶은 음식을 차려주기만 해도 되었습니다. 아이에게는 아이에게 특별한 날을 기억하는 것이며 가족이 함께 평범한 일상을 특별한 날로 만들어갔습니다. 아이와의 관계 유지를 위해 할 수 있는 최소한의 활동 등을 한 것이지요.

서준이는 책을 잘 읽는 편이기는 하였지만 4학년이 되면서 엄마의 잔소리에 반응을 많이 하였습니다. 혼자서 잘하도록 내버려두면 알아서 준비물도 잘 챙기는 아이였지만, 엄마가 공부에 간섭하거나 잔소리를 하면 읽던 책도 덮어버렸습니다. 매일 읽을 책을 정해주고, 체크 리스트에 표시를 해서 확인을 하거나 이틀에 한 번 독서 감상문을 쓰게 한 적이 있었습니다. 하지만 엄마가 뭔가 감시하는 것 같은 느낌이 들어서 그랬는지 아이는 거부를 많이 하였습니다.

"엄마, 지금도 잘하고 있다고요. 제가 알아서 하겠다고요."
"그래도 엄마가 추천해주는 책을 읽는 게 더 좋지 않을까? 책을 읽고 나서 독서 감상문도 더 자주 써 봐!"

엄마의 개입이 늘어날수록 아이는 읽던 책을 내려놓거나 반대로 다른 할 일은 하지 않고 책만 읽는 행동을 보였습니다. 엄마가 하라는 대로 해야 하는 의무가 생겼기 때문입니다. 아이는 아이 나름대로 읽고 싶은 책이 있고, 해야 할 일도 있었는데, 엄마가 추천하는 책을 읽고, 글쓰기까지 다 하려다 보니 부하가 걸린 셈입니다. 엄마가 개입할수록 엄마의 말은 잔소리가 되었습니다.

'그래, 읽고 싶은 책만 읽어라! 원하는 책은 엄마가 빌려다 주거나 구입해줄게!'

아이의 자의성에 맡기고 엄마의 간섭을 아예 없앴습니다. 엄마가 개입을 줄이니 아이와 관계 회복이 되었습니다.

독서 근력을 키워주는 책 읽기 비법

공부 잘하는 아이로 키우려면 공부 근력을 키워야 하듯이 책을 잘 읽는 아이가 되려면 독서 근력이 필요합니다. 아이가 스스로 책을 선택하고 실패하는 경험이 있어야 자신이 원하는 책이 무엇인지 알 수 있게 됩니다. 서준이가 고학년이 되고 나서는 아이에게 책을 최소한으로 추천해 주었습니다. 그리고 아이에게 친구들이 자주 읽는 책과 도서관에서 인기 있는 책을 골라보라고 하였습니다. 아이가 4학년이 되었을 때 『삼국지』와 『윔피키드』, 추리 소설을 선택했습니다. 아이가 직접 도서관에서 대출 신청을 하고 찾아오고 반납을 하였습니다. 5학년이 되었을 때는 판타지

소설과『해리포터』를 선택하였습니다. 해리포터는 이미 영화로 본 것이기에 관심을 보이자마자 전 권을 중고로 구매해주었습니다. 아이는『해리포터』를 몰입해 읽어 단기간에 완독하였습니다. 재미있다며 여러 번 읽기도 하였고, 지금은 영어책으로도 읽기를 시도하고 있습니다.

엄마의 개입을 줄이고, 아이의 자의성을 존중해준 결정적 계기는 아이가 직접 책을 빌려오고 반납하는 체계를 갖춘 것이었습니다. 아이가 선택해서 빌려 온 책 중에서는 재미가 없는 것도 있었습니다. 그러다가 재밌는 책을 발견하게 되면 엄마도 읽어보라고 추천을 해주었습니다. 독서 근력을 키우게 된 방법은 독서 시간 확보와 직접 책을 선택하는 것이었습니다. 처음에는 아이가 직접 도서관을 다니면서 책을 빌려 보니 시간도 많이 소요되고, 실패하는 책도 많아서 효율적이지 않은 것처럼 보였습니다. 엄마가 빌려서 오거나 중고로 구매를 하고 싶었습니다. 엄마가 한꺼번에 책을 준비해주면 아이가 더 잘 읽을 것만 같았습니다. 독서 논술 교사인 엄마가 추천하는 책을 읽어야 교과와 연계가 되면서 여러모로 더 도움이 될 것만 같았습니다. 하지만 엄마의 개입으로 인한 실패를 떠올렸습니다. 엄마의 마음을 누르고 아이에게 맡기다 보니 점점 읽는 속도도 빨라지고, 책을 빌려오는 시간도 효율성 있게 배치할 수 있게 되었습니다. 이제 아이는 자신이 원하는 책을 선택하거나 잘 고를 수 있게 되었습니다.

엄마들은 아이들이 고학년이 되어도 책을 잘 읽기를 바랍니다. 하지만 영어, 수학 학원에 가야 하는 바쁜 일정 때문에 아이가 직접 책을 선택하기 위해 원하는 책을 찾으며 보내는 시간을 잘 기다리지 못하는 것 같습니다. 책을 오랫동안 보고 있거나 학습만화를 보면 불안해하기도 하지요. 아이가 도서관에서 책을 대출해올 시간을 주지 않습니다. 아이가 책을 잘 보기 위해서는 엄마의 개입을 최소화하면서 스스로 독서를 할 수 있는 독서 근력을 키워야 합니다. 결국, 혼자 하는 힘이 있어야 합니다. 책을 잘 읽기 위해서는 아이 스스로 책을 선택하고, 독서 할 시간을 주는 것이 필요합니다.

엄마가 이것저것 개입하고 싶은 마음을 누르고, 서준이가 좋아하는 책을 그 상태로 인정해주었습니다. 서준이는 저학년 때처럼 책을 좋아하는 아이로 성장하고 있는 것 같습니다. 중간에 위기가 있었지만, 아이를 있는 그대로 인정하면 어떠한 일을 하더라도 알아서 할 거라는 자신감이 생겼습니다.

엄마는 아이의 성향을 인정하고 조언을 해주는 사람입니다. 아이들이 어릴 때는 엄마가 하라는 대로 잘 따라오는 편이지만, 고학년이 될수록 아이들은 엄마의 말을 잔소리로 느끼게 됩니다. 책을 읽으라는 말보다 아이의 마음과 상황을 살피는 게 우선일 때가 있습니다. 아이의 마음이 흔들릴 때 아이는 엄마의 말을 더욱 거부하게 되고, 그렇게 되면 책 읽기는 점점 멀어지게 됩니다. 아이가 불안해하면 불안한 마음을 인정해주고, 걱정하면 걱정하는 마음을 보듬어주어야 합니다.

초등 고학년 문해력 전략

초등 고학년 시기에는 관심을 갖는 분야가 생기게 됩니다. 아이가 좋아하는 분야의 책을 몰입해서 읽거나 분야별로 책 읽기에 대한 계획을 세웠습니다. 추천도서의 책 두께가 두꺼워지는 시기이므로 두께에 놀라지 않으면서 나눠서 책을 읽거나 자신에게 맞는 책 읽기를 하는 전략을 세워보았습니다. 고학년 책 읽기는 스스로 문제 해결을 하는 과정이 들어가야 합니다. 주장하는 글과 설명하는 글 등의 내용을 읽을 때 "따라서, 그러므로"와 같은 접속사를 표시하며 읽어야 하기도 하지요. 모르는 어휘는 추론을 통해 의미를 짐작해보고, 자신이 짐작한 의미가 맞는지 확인하는 과정이 필요하기도 합니다. 즉, 사고력과 문제해결력을 갖추며 읽는 연습을 해야 합니다. 이것이 문해력과 연결이 됩니다. 고학년 아이들은 시간이 부족하므로 책을 읽고, 생각을 정리할 시간을 확보해야 합니다.

책을 읽는 습관이 어느 정도 잡혀 있고, 책을 읽을 때 집중할 수 있는 아이들은 좋아하는 책에 몰입해서 읽는 것이 필요합니다. 긴 책을 긴 호흡으로 읽으면 집중력과 문해력도 향상되는 효과가 있습니다. 분야별로 책 읽기가 가능한 시기이므로 아이와 협의해서 책 읽기에 대한 계획을 세우는 것도 좋습니다.

초등 고학년이 되면서 책의 두께가 두꺼워지면서 책이 어렵다고 느껴지게 되는 시기가 올 수도 있습니다. 글의 분량이 너무 많아서 부담을 느끼는 때는 책을 나눠서 읽도록 하였습니다. 분량을 나누어서 며칠에 걸쳐서 책을 읽도록 계획을 세웠습니다. 고학년으로 넘어가는 시기에 아이가 재밌게 읽을 수 있는 추천 책을 소개합니다.

★ 판타지와 모험 책 – 『고양이와 전사들』, 『해리포터』, 『사자와 마녀와 옷장』, 『이상한 과자 가게 전천당』, 『마법의 시간 여행』, 『제로니모의 환상모험 시리즈』, 『간니닌니 마법의 도서관』, 『이상한 나라의 엘리스』

★ 창작 책 – 『잘못 뽑은 반장』, 『마지막 이벤트』, 『도깨비 폰을 개통하시겠습니까?』, 『바꿔』, 『으랏차차 뚱보클럽』, 『빨강연필』, 『시간가게』, 『건방이의 건방진 수련기』, 『복제인간 윤봉구』, 『스무고개 탐정과 마술사』, 『할머니는 도둑』, 『푸른 사자 와니니』, 『책과 노니는 집』, 『그 많던 싱아는 누가 다 먹었을까?』, 『아우를 위하여』

★ 고전 책 – 『80일간의 세계일주』, 『로빈슨 크루소』, 『15소년 표류기』, 『노인과 바다』, 『톰 소여의 모험』, 『샬롯의 거미줄』, 『난중일기』, 『심청전』, 『아라비안나이트』, 『옹고집전』, 『올리버 트위스트』, 『해저 2만 리』, 『홍길동전』

★ 과학책 – 『시튼 동물기』, 『파브르 곤충기』, 『정제승의 인간탐구보고서』, 『어린이 과학형사대 CSI』, 『파인만, 과학을 웃겨 주세요』

★ 수학책 – 『수학도둑』, 『수학유령의 미스터리 수학』, 『세상을 바꾼 수학자 50인의 특강』

★ 역사책 – 『나는 안중근이다』, 『담을 넘은 아이』, 『남북 공동 초등학교』, 『우리가 알아야 할 3·1 만세 운동』

제 3장

문해력에
날개를 달아주는
독서 대화
- 대화하기

1.

책과 친해지는
독서 환경을
만들어줘라

독서 환경이란 책이 많고 적음을 의미하지 않습니다. 마음을 살피며, 아이의 속도대로 따라가는 것입니다. 아이가 자주 생활하는 곳을 독서 환경으로 만들어주면 됩니다. 어느 집이나 아이가 주로 생활하는 공간이 있습니다. 저는 방 한 칸을 저의 수업 공간으로 사용하기 때문에 아이들은 주로 거실과 안방에서 생활하였습니다. 거실을 서재로 만들고 싶은 마음이 있었지만, 방 한 칸을 엄마가 쓰고 있는데 거실의 소파 공간까지 치워버려서 가족의 쉬는 공간을 없앨 수는 없었습니다. 양쪽 벽을 전면 책장으로 하고 책장 앞에 소파를 두는 타협점을 찾았습니다. 소파로 가려지는 책장이 있었기에 이 부분은 잘 안 읽는 책을 꽂아 두고, 아이가 자주 손이 가는 책장에는 제일 좋아하는 책으로 배치를 하였습니다. 책장에는 첫째 아이 칸과 둘째 아이 칸을 정해두고, 읽을 책을 잘 보이게 하였습니다.

아이들은 전날 미리 계획을 짜서 다음날 읽을 책을 꺼내두었고, 저는 저 나름대로 거실 독서 환경을 만들었습니다. 오후 시간에는 각자의 방에서 책을 읽거나 혼자 할 수 있는 일을 하였고, 저녁 시간에는 거실에 나와서 책을 보거나 함께 이야기를 나누었습니다. 엄마의 부재를 느끼지 않게 도와주기 위해서 엄마 없는 시간에 읽을 책은 미리 함께 선택했습니다. 그리고 저녁에는 거실에 함께 모여 시간을 보냈습니다.

거실 독서 환경의 마법

거실에 함께 모여서 무언가를 하는데 가장 적합한 일은 독서였습니다. 거실 독서 환경은 꼭 거실 서재화가 아니어도 됩니다. 거실 서재화가 유행이고, 엄마들의 로망이기도 하지요. 저는 저의 상황에 맞게 타협점을 찾았습니다. 가족의 반대가 있는 경우에는 휴식 공간과 책 읽을 공간을 분리해두는 것도 좋습니다. 이때 중요한 점은 아이의 눈높이에 맞게 아이가 좋아하는 책을 배치하는 것입니다. 아이가 자주 손에 닿을 수 있도록 책들을 배치해주면 좋고, 책의 배치는 주기적으로 변경해주어야 합니다. 형제가 있는 경우에는 형제의 자리를 정해주어 자기의 책장이라는 인식을 하면 도움이 됩니다. 거실 서재화가 아니더라도 거실에 독서 환경을 만들게 되면 아이들은 책장에서 책을 자주 꺼내 읽게 됩니다. 일하는 엄마로서 함께 하는 시간이 길지 않았기 때문에 거실에서 생활하면서 책을 자연스럽게 꺼내 읽도록 환경을 만드는 것을 중요하게 생각하였습니다.

저녁 시간은 가족이 함께 하루 동안 있었던 일을 이야기 나누는 시간이기도 하고, 몸과 마음을 쉬게 하는 시간이기도 하였습니다. 거실 독서 환경은 가족의 독서 습관을 만드는 첫 번째 조건이 되었습니다. 서로 다른 책을 읽었지만 같은 시간에 같은 장소에서 가족이 살을 비비며 책을 읽는 시간이 소중했습니다. 서준이는 오후 시간에 혼자서 독서를 할 때는 집중해서 읽어야 하는 이야기책이나 지식 정보책을 주로 읽었고, 가족이 함께 독서를 하는 저녁 시간에는 역사책이나 학습만화를 읽으면서 휴식을 취하였습니다. 서우는 저녁 시간에 엄마의 목소리를 들으면서 책을 읽었기에 글의 분량이 있는 이야기책을 읽거나 영어책을 읽었습니다. 가족이 함께 있는 저녁 시간에 책을 읽으면서 몰입하는 시간이 그리 긴 것은 아니었습니다. 하지만 매일의 시간과 습관이 쌓여 아이들은 이제 거실 책장에서 책을 꺼내 읽는 것이 자연스럽게 되었습니다.

물론 거실 독서 환경을 조성한다고 해서 바로 독서 습관이 형성되는 것은 아닙니다. 무엇보다도 영상이나 텔레비전의 유혹이 있을 수도 있습니다. 저희 집은 거실 서재화가 완벽하게 되어 있지 않았기 때문에 거실에 텔레비전이 있습니다. 하지만 가족 구성원이 모두 평일에 텔레비전은 보지 않는 것으로 약속하였기에 텔레비전의 유혹에서 빠져나올 수 있었습니다. 대신에 토요일 저녁에는 예능 프로그램도 보고, 일요일 아침에는 동물 농장이나 만화영화도 보는 자유를 주었습니다. 저녁 시간에 거실에 모여 있으려면 스마트폰에 대한 자제도 필요합니다. 아직 열세 살, 열 살 아이들에게 스마트폰 사용 시간은 약속으로 정해두었기에 앞으로도 거실 독서 시간을 확보하여 거실 독서를 이어갈 계획입니다.

엄마표 문해력을 시작하는 독서 환경의 힘

거실에 독서 환경을 만든 후에 아이 방이나 아이가 잠자거나 생활하는 곳에는 아이가 자주 꺼내 볼 수 있는 책을 배치하고, 화장실 앞에는 전면 책장이나 바구니를 활용하였습니다. 언제 어디에서나 책을 읽을 수 있는 공간을 만들어야 했습니다. 아이들이 어렸을 때는 화장실 앞에 바구니를 두어서 그 주에 읽었으면 하는 책을 배치해 두었더니 오며, 가며 집어 들고 읽었습니다. 도서관에서 책을 빌려오면 바구니에 넣어주기도 하였습니다. 그랬더니 어떤 책이 있는지 아이가 궁금해하며 뒤졌습니다. 아이들의 관심은 분산되기 때문에 방해받지 않으면서 책을 읽을 수 있는 공간을 마련해주는 것이 좋습니다. 서준이는 그날의 숙제와 엄마표 할 일이 끝나게 되면 잠자기 전에 이부자리에 누워서 자신이 좋아하는 책을 읽으면서 뒹굴뒹굴했습니다. 아이가 어렸을 때는 베드타임 스토리라고 해서 자기 직전에 책을 읽어주는 경우가 많았지만, 이제는 초등학생이기에 책 읽는 시간이 낮 시간 또는 저녁 시간에 주로 배정이 되었습니다. 그런다고 하더라도 아이들은 잠자기 직전에 책을 들고 오기도 하였습니다. 잠자기 전에 들고 오는 책은 조금 더 마음을 편안하게 해주는 책이었습니다. 엄마가 읽어주는 책은 아이의 마음을 편안하게 해주기 때문인 것 같습니다.

일하는 엄마지만 아이들이 시간을 잘 관리하며 사용하기를 바랐기에 시간을 미리 계획했습니다. 독서 시간을 구분해서 사용하도록 집안 곳곳에 독서 환경을 구축했습니다. 아이들이 하교 후에 읽을 책, 거실에서 함께 읽을 책, 화장실에 왔다 갔다 하면서 읽을 책, 각자의 방에서 읽을 책, 잠자기 전에 읽을 책 등을 구분해서 읽을 수 있도록 하였고, 언제 어디에서나 책을 꺼내서 읽는 게 자연스러워지도록 도와주었습니다. 독서 환경 조성이란 거실 서재화만을 의미하는 건 아닙니다. 아이가 책을 읽을 수 있는 공간과 시간을 마련해주는 것을 의미합니다. 아이들이 책과 친해질 수 있도록 독서 환경을 만들어주는 게 엄마표 문해력의 첫 번째 할 일입니다.

2.

하루 15분,
책 읽는 저녁 시간을
보내라

엄마가 저녁을 준비하는 시간. 거실에 앉아서 식사를 기다리는 시간에 아이들은 책을 꺼내 읽습니다. 종일 각자의 일을 잘하고 만나는 저녁 시간에는 몸은 힘들더라도 마음은 뿌듯합니다. 아이들이 매일의 일정을 잘 보내고 있어서 대견합니다. 저녁을 먹고 나면 또 각자의 시간을 갖습니다. 서준이는 혼자 책을 읽고, 서우는 저와 함께 읽습니다. 책을 읽으면서 재잘재잘 하루에 있었던 일을 이야기합니다. 매일 반복합니다. 반복되는 하루 일상이 책을 읽을 수밖에 없는 환경입니다. 하루 15분, 책을 읽는 저녁 독서 시간을 만들었습니다. 아이들은 쉴 때 읽는 책과 저녁 시간에 읽는 책을 스스로 알고 있습니다. 손을 뻗었을 때 읽을 책이 있는 것, 시간이 남았을 때, 또는 정해진 독서 시간에 무슨 책을 읽을지 아는 것. 문해력 습관은 엄마와 책 이야기를 나누는 것이 전부입니다.

환경이 아이를 독서 습관으로 이끕니다!

책을 읽을 수밖에 없는 환경은 외부 환경과 내부 환경으로 구분됩니다. 외부 환경은 아이 주변에 책이 많이 있는 것입니다. 텔레비전 대신에 책장이 있으면 좋고, 스마트폰은 사용 시간을 협의하여 아이 스스로 스마트폰을 자제할 수 있도록 하는 것이지요. 다음으로는 아이가 읽을 책이 있어야 합니다. 독서 논술 수업에 오는 고학년 아이들에게 수업 외에 어떤 책을 읽고 있느냐고 물어보면 대부분 읽고 있지 않다고 대답을 하고, 집에 읽을 책이 없다고 합니다. 아이들이 저학년일 때까지는 부모님께서 아이들 책을 잘 마련해주시지만, 고학년이 되면 책을 사주지 않으시는 것을 종종 목격하곤 합니다.

하지만 저는 중·고등학년이 될 때까지는 집에 책이 있는 게 좋다고 말씀드립니다. 많은 책이 필요하지는 않습니다. 아이가 다음에 읽어야 할 책이 있어야 하는 정도입니다. 내부 환경으로는 매일 적절한 시간에 반복적으로 읽는 습관이 필요합니다. 하루에 15분만 읽어도 됩니다. 정해진 시간 또는 정해진 분량을 매일 반복적으로 하는 건 쉬운 일이 아닙니다. 특히 고학년이 되었을 때는 아이와 좋은 관계를 유지하지 않으면 아이는 엄마의 말을 듣지 않는 경우가 많습니다. 따라서 아이와 긍정적인 관계를 만드는 것이 내부 환경을 만드는 전제 사항이라고 할 수 있습니다. 하루에 15분 정도 책을 읽고, 엄마와 이야기를 나눕니다. 첫째 아이는 책 내용을 이야기하는 편이고, 둘째 아이는 책을 읽고 궁금한 점을 이야기합니다. 아이들과 저는 이러한 점이 재밌었다며 서로 책을 추천해주기도 합니다. 책을 읽고 이해가 안 되는 부분을 물어보고, 제가 질문을 던지기도 하며 책을 읽고 있습니다.

외부 환경과 내부 환경이 잘 마련되지 않은 사례가 있습니다. 독서 논술 수업을 했던 한수네 집에 가면 겹겹이 쌓여 있는 책들로 시선이 먼저 갔습니다. 유아 시기에 읽었던 책들이 책장에 그대로 자리 잡고 있었습니다. 거실 한쪽과 방 한 면을 꽉 채운 책장들에도 책이 많았습니다. 아이들 학원 가방이 책장 옆에 놓여 있고 거실 위 책상 위에는 풀다 만 문제집과 전날 저녁에 읽은 책들이 놓여 있었습니다. 맞벌이 부모님이 계셔서 스스로 공부를 하고 책을 꺼내 읽고 있었습니다. 외부 환경과 내부 환경이 잘 갖춰져 있는 것처럼 보이지만 우려스러운 점이 있었습니다. 바로 아이 나이에 맞지 않는 책들이 많이 있다는 점입니다. 아이들이 책장에서 책을 꺼내 읽을 때는 시기에 맞으며, 아이의 흥미에도 적절한 책이어야 좋습니다.

물론 유아시기에 읽었던 책 중에서는 아이의 마음을 위로해주는 애착 책이 있게 마련입니다. 이런 책까지 다 처분을 하라는 건 아니지만 아이

나이와 흥미에 맞게 책장을 정리해주는 것은 필요합니다. 한수네 어머님과 상담을 하여 아이 나이에 맞게 책을 정리하여 주었습니다. 매일 책을 읽는 내부 환경은 준비가 되어 있었습니다. 다만 맞벌이 부모님께서 퇴근이 늦으시기에 아침, 저녁 시간을 활용하여 짧게라도 책 이야기를 나눌 수 있도록 말씀드렸습니다.

책이 많은데도 책을 안 읽는 아이를 위한 조언

예인이는 일곱 살이 되면서 유치원에 책을 가지고 갔습니다. 유치원 아이들이 모두 각 한 권씩 책을 가지고 오면 아이들과 돌아가면서 바꿔 읽는 프로그램을 하기 때문입니다. 매일 책을 새롭게 바꿔서 읽는 환경이 갖추어진 것입니다. 예인이는 다음 날에 어떤 책을 읽을지 기대를 하면서 유치원에 간다고 했습니다. 바로 이런 게 책을 읽을 수밖에 없는 환경입니다. 유치원이나 학교에서 책과 관련한 다양한 프로그램을 하면 금상첨화지만, 그렇지 않을 때는 가정에서 이런 환경을 만들면 좋습니다.

아이들이 어렸을 때 화장실 앞에는 항상 책 바구니가 있었습니다. 책 바구니에는 엄마인 제가 그날 읽어주고 싶은 책을 넣어두었습니다. 주로 도서관에서 빌려오는 책을 놓아두는 장소로 이용했습니다. 아이는 책 바구니를 보면서 '오늘은 무슨 책일까?'라는 기대감을 키웠습니다. 첫째 아이가 읽었던 책을 동생에게 물려주고 싶은데, 세 살 터울이다 보니 보관해야 할 책이 늘어났고, 책장은 미어터졌습니다. 제가 수업하는 책도 방

하나를 차지하고 있으니, 집 안이 책으로 넘쳐났습니다. 집에 책이 많은 게 항상 좋은 독서 환경은 아니었습니다. 아이가 손쉽게 꺼내 볼 수 있는 책이 있어야 합니다. 기대하고 보는 책이 있으면 더욱 좋은 것 같습니다. 책이 많다고 아이들이 책을 잘 꺼내 읽는 것도 아닙니다.

"엄마가 책을 안 읽는다고 그러시는데, 무엇을 읽어야 할지 모르겠어요."

"집에 안 읽은 전집이 책장에 줄줄이 꽂혀 있는데, 책을 또 사야 할까요?"

이런 질문이 나온다면 아이가 쉽게 읽을 수 있는 책을 협의해야 하는 상황이 된 것입니다. 또 팔을 뻗어 꺼낼 수 있는 책장 높이에 책을 꽂아두는 게 좋습니다. 책장의 한 칸은 '이번 달에 읽을 책 코너'라고 정하는 것도 괜찮습니다. 한 달에 한 번씩 책을 바꿔주면 아이도 성취감이 생기고, 무슨 책을 읽을지 고민하는 시간도 줄여줄 수 있습니다. 즉, 집에 책이 많이 있는 것보다 아이가 읽을 수 있는 적절한 책이 아이 눈높이에 맞게 있는 게 중요합니다. 우선 거실에 아이가 좋아하는 책 위주로 배치합니다. 거실에 독서 환경을 만든 후에 아이 방이나 잠자거나 생활하는 곳에는 자주 꺼내 볼 수 있는 책을 배치하고, 화장실 앞에는 전면 책장이나 바구니를 활용하면 좋습니다.

저녁 준비를 후다닥 끝내고 늦은 저녁을 함께 먹곤 합니다. 아이들 밥 먹는 모습을 쳐다보는 것만으로도 저녁 시간은 달콤합니다. 뒹굴뒹굴하며 함께 책 읽는 시간은 더욱 소중합니다. 편안한 자세로 책을 읽는 시간이 얼마나 귀한지. 마음이야 아이들이 학습만화 말고 다른 책을 읽으면 좋겠지만, 잠시 이 마음은 접어둡니다. 시간은 쏜살같이 지나갑니다. 문제집 한 장 더 풀게 하고, 지식 책 몇 장 더 읽으면 좋겠다는 마음은 접어두고 행복한 시간을 누리기로 하였습니다. 아이들이 선택하는 책은 아이의 관심사에 따라 조금씩 변해갑니다. 어느 부분에 관심 있는지 매일 대화를 나눕니다. 아이 스스로 관심사를 확장해나갈 것입니다. 엄마의 따뜻한 시선으로 책을 읽는 독서 환경이 채워집니다. 하루 15분, 책 읽고 한마디를 나누는 시간이 쌓여갑니다.

3.

일하는 엄마가
잡아주는
독서 습관

저녁에 일이 끝나면 아이들 저녁 차려주기 바빴습니다. 밥 먹은 거 정리하고, 아이들 잠시 봐주다 보면 저녁 시간이 다 지나갔습니다. 일하는 엄마로 바빴기에 어떻게 하면 아이의 독서 습관을 잘 잡아줄 수 있는지 고민하고 방법을 찾아나갔습니다. 아이의 나이와 상황에 맞게 책을 추천해주는 것뿐만 아니라 바쁜 시간을 쪼개어 읽는 책 읽기가 효과적으로 되어야 했습니다. 아이와 함께 하는 시간이 많지 않기 때문에 같이 책을 읽는 시간만큼은 집중해서 읽고, 자연스럽게 독서 습관이 이어져야 했습니다. 학원이나 사교육의 도움을 받을 수도 있지만, 가정에서 독서 교육을 시도하는 것이 우선되어야 합니다.

저는 집이 일터입니다. 제가 일하는 동안 아이들은 아이들만의 시간을 가졌습니다. 안전하게 집에서 각자의 일을 하며 시간을 보내는 것에 엄마로서 안심이 되었습니다. 하지만 긴 시간 동안 시간 관리를 하고, 계획한 대로 학습 및 놀이를 할 수 있도록 습관을 만들어주는 것이 절대적으로 필요하였습니다.

아이들에게 학습 습관뿐만 아니라 시간 관리 및 독서 습관을 잡아주고 싶었습니다. 두 아이를 앉혀 두고, 일주일 동안의 계획표를 함께 작성하였습니다. 아이가 스스로 한 다음에는 체크 표시를 하며 하루 일정을 관리하도록 하였습니다. 우선 그날 읽을 책을 고르게 하였고, 혼자 읽을 책과 엄마와 함께 읽을 책을 구분하였습니다.

하교 후 시간을 잘 보내는 방법

일하는 엄마는 아이를 직접 챙겨주지 못하므로 아이 혼자서 읽는 책과 엄마와 함께 읽는 책을 구분하는 게 좋습니다. 아이 책을 함께 고르면 어떤 내용에 관심이 있고, 어떤 책을 읽고 싶어 하는지 잘 알 수 있었습니다.

일반적으로 아이가 어릴 때는 엄마가 읽을 책을 챙겨주지만, 읽기 독립이 되고 아이가 커가면서 아이에게 맡겨두는 경우가 많습니다. 그렇기에 학습만화에 노출이 많이 되기도 합니다. 학습만화가 나쁜 건 아니지만 학습만화만 읽는 것은 문제가 있으며, 목적 없이 눈에 띄는 대로 학습만화를 골라잡아서 읽는 것으로 하루 독서를 마무리하는 것도 좋지 않습니다. 독서를 할 때는 어떤 내용에 관심이 있는지 살펴보고, 그에 맞는 책 읽기 계획을 세워야 합니다. 이렇게 유아나 초등 저학년 때부터 꾸준히 책을 읽은 아이들은 학년이 올라갈수록 학습 능력이 차이가 납니다. 꼭 사교육을 보내지 않더라도 가정에서 꾸준히 책을 읽어야 하고, 사교육에 보내더라도 저학년 때는 특히 어떻게 책을 읽고 있는지 엄마가 신경 써주는 게 필요합니다.

서우는 하교 후에 저녁 시간까지 혼자서 시간을 보내야 했습니다. 학원을 다녀온 후의 시간은 자율 시간입니다. 놀이터에서 친구들과 놀기도 하지만, 비어 있는 틈새 시간에는 좋아하는 영어 콘텐츠 시청과 책 읽기를 하도록 하였습니다. 이때 제일 중요한 것은 눈앞에 읽어야 할 책이 보이는 것입니다. 따라서 전날 미리 읽을 책을 고르거나 정한 후 합의를 해두었습니다. 그렇게 틈새 시간을 활용하여 책을 읽어나가고 있습니다.

가정에서의 교육은 책 읽기가 기본으로 되어야 합니다. 좋아하는 관심 분야를 찾고, 관심 분야에서부터 확장해나가면서 아이의 책 읽기를 도와주어야 합니다. 엄마라면 누구나 책 읽기를 통해서 공부 잘하는 아이로 키우고 싶을 것입니다. 책을 좋아하거나 잘 읽는 아이들은 주제를 잘 파악하고, 집중력이 좋기 때문입니다.

엄마에게 전하지 못한 비밀

5학년 지안이는 1학년부터 꾸준히 독서 논술 수업을 하고 있습니다. 엄마가 퇴근이 늦고, 외동이기 때문에 혼자 있는 시간이 많았습니다. 도서관에도 종종 가는 편이었습니다. 5학년이 되면서 엄마와 갈등이 생겨났습니다. 특별한 문제가 있는 건 아니지만 사사건건 부딪치며 말싸움을 하게 되었다고 했습니다. 지안이는 자신도 잘하려고 하는데 엄마가 간섭을 한다고 느꼈다고 합니다. 어떤 날은 책 읽기를 하고 싶고, 어떤 날은 책 읽기보다는 놀고 싶은 날이 있었다고 해요. 그러한 아이의 마음을 먼저 살피게 되면 무조건 "책 좀 읽어라!" 잔소리를 줄이게 됩니다. 아이들에게 억지로 책을 읽게 하는 건 쉽지 않습니다. 하지만 책 권수를 세지 않고 아이의 마음을 살피게 되면 아이가 책을 읽게 되는 경우가 있습니다.

지안이가 왜 책을 읽고 싶어 하는지 또는 왜 읽기 싫은지에 대한 그때 상황마다 마음이 있었습니다. 지안이 엄마는 지안이에게 쪽지를 써 주었습니다. 지안이도 엄마와 쪽지를 주고받으며 서로의 마음을 확인할 수 있었습니다. 지안이는 책을 좋아하는 아이였습니다. 하지만 늘 책을 읽고 싶지는 않았습니다. 어느 때는 밖에 나가서 뛰어놀고 싶기도 하고, 어느 때는 침대에 누워있거나 취미 활동을 하고 싶기도 합니다. 이 점을 엄마가 잘 파악하면 좋겠다고 했습니다. 어렸을 때 엄마가 읽어주었던 책에 대한 경험이 안정적이면서 따뜻하게 마음속에 남아 있을 겁니다. 책 읽기란 즐거웠던 경험이라는 기억을 떠올리면서 지안이와 엄마는 쪽지를 주고받았습니다. 요즘 관심 있는 아이돌 음악이나 학교생활에 관한 내용을 쪽지로 주고받으면서 지안이는 엄마에 대한 마음이 풀어졌습니다. 마음이 풀리자 책도 더 읽을 수 있게 되었습니다.

아무도 알려주지 않는, 일하는 엄마가 독서 챙기는 법

독서 습관이란 매일 매일 꾸준히 책을 읽는 것만은 아닙니다. 일상 속에서 책이 함께 하는 것입니다. 책을 통해 성장하기 위해서는 책을 통한 휴식도 필요합니다. 그림책 한 권을 2주일 동안 읽기도 하고, 같은 책을 무한정 반복해서 읽을 수도 있습니다. 첫째 날에는 내용을 이해하고, 둘째 날에는 그림을 이해하고, 셋째 날에는 여백을 이해하는 형태가 아닐까 싶습니다. 아이가 여러 개의 학원을 돌아다녀야 하는 때는 엄마의 마음이 바쁩니다. 배경 지식을 얻는 수단으로 독서가 이용되면 같은 책을 여러 번 읽을 여유가 없습니다. 하지만 아이가 책을 읽는 데 있어서 여유와 쉼이 있으면 책을 내면화하면서 일상 속에서 친근하게 느끼게 됩니다. 그래야 습관이 됩니다. 아이들이 책을 싫어하는 이유는 학교나 학원에 다니느라 시간이 없다고 이야기하는 경우가 많고, 어떻게 책을 읽어야 하는지 방법을 모르는 경우도 많기 때문입니다. 이렇게 읽은 책은 독서 이력을 남기게 하였습니다. 책의 번호를 작성하고, 책 제목을 쓰게 하여 100권을 채웠을 때, 200권을 채웠을 때 아이들이 성취감을 느낄 수 있도록 해주면 도움이 되었습니다.

일하는 엄마가 아이의 독서 습관을 잡아주려면 우선 전날이나 아침에 읽을 책을 미리 골라두는 걸 말씀드립니다. 일하는 엄마의 경우에는 아이들이 집에 있는 오후 시간에 직접 챙겨주기가 쉽지 않습니다. 따라서 아이가 읽을 책을 아침이나 전날 저녁에 미리 챙겨두는 것이 좋습니다. 아이가 혼자 읽을 책과 엄마와 함께 읽을 책을 구분해서 정리해두는 것이 도움이 됩니다. 그렇게 하면 아이는 읽기 쉬운 책을 혼자 읽으면서 저녁에 엄마에게 이야기할 내용을 미리 생각해볼 수 있고, 저녁에는 엄마와 함께 읽으면서 낮에 읽은 내용을 떠올릴 수 있습니다.

두 번째로는 엄마와 마음을 나누어야 합니다. 책 읽기가 즐거운 경험이 되어야 하는데 엄마의 잔소리를 들으면서, 책을 읽지 않으면 엄마에게 혼나기 때문에 책을 읽는다면 책 읽기가 힘들어집니다. 책을 읽지 않았다고 혼을 내거나 벌을 주는 것은 하지 않는 게 좋습니다. 숙제나 공부처럼 억지로 하게 되면 책 읽기 또한 엄마가 하라고 하는 하고 싶지 않은 일 중의 하나가 될 뿐입니다. 책을 읽지 않는 이유가 분명 있을 겁니다. 무슨 고민을 하고, 어떤 어려움이 있는지 이야기를 나눠보면 책 읽으라는 잔소리를 줄일 수 있습니다.

세 번째로는 일상에서 책을 읽고, 책을 읽을 때마다 독서 이력을 남깁니다. 독서가 습관처럼 일상이 된 아이들은 휴식처럼 책을 읽는 데 익숙

합니다. 한 권의 책을 여러 번 반복해서 읽었던 경험은 몰입의 경험이 됩니다. 느긋하게 책을 읽는 것처럼 보이지만 여유 속에는 집중과 몰입이 있습니다. 아이는 책 읽는 습관을 통해 집중과 몰입을 하게 됩니다.

4.

하루 한 권 읽고,
즐겁게
대화하라

    〈금쪽같은 내 새끼〉라는 솔루션 프로그램이 인기입니다. 볼 때마다 눈물 나는 사연과 힘든 관계에 대한 공감이 느껴져 같이 울게 됩니다. '줄탁동기'라는 말이 있습니다. 병아리가 껍데기를 깨기 위해 안에서 깨뜨리는 건 '줄' 어미가 밖에서 쪼는 것은 '탁'입니다. 엄마표 문해력은 '줄탁동기'가 이뤄져야 합니다. 엄마가 일방적으로 이끌어서도 안 되고, 아이에게만 맡겨서도 안 됩니다. 하루 15분 책 읽고 대화하기를 통해 아이와의 관계가 좋아졌고 책을 좋아하는 아이로 성장하고 있습니다.

    아이들이 어렸을 때 책 잘 읽는 아이로 키우고 싶었지만, 일하는 엄마였기에 일일이 챙겨주기 어려웠습니다. 엄마로서 해줄 수 있는 게 있다면 책을 읽어주고, 함께 이야기하며 지속적인 관심을 가지는 것이었습니다. 저학년 시기까지만 도와주는 게 아니라 스스로 책을 즐길 수 있을 때까지 도움을 주어야겠다고 결심했습니다. 부모의 도움은 읽기 독립이 될 때까지 만이 아니라 아이가 읽는 것에 능숙해지고, 책을 즐기는 시기까지 계속되어야 합니다.

아이와 대화하며 책 읽는 비법

엄마가 아이와 대화를 할 때 아이는 엄마의 어휘를 듣습니다. 엄마가 아이와의 대화에서 어휘를 많이 사용할수록 어휘 습득이 빠릅니다. 저는 수다스러운 엄마가 아니고, 말을 많이 하면 에너지가 소진되는 편이었어요. 게다가 일을 하는 내내 말을 하므로 저녁에는 말을 조금 하고 싶었습니다. 하지만 책을 읽어주고 대화를 하는 것은 꼭 지켰습니다. 엄마가 수다스럽지 않아도 책을 통해 이야기할 거리는 넘쳐났습니다. 일상생활에서 엄마가 사용하는 어휘에는 제한이 있으므로 복잡하고 어려운 어휘를 쓰면서 대화를 하는 것보다는 책에서 나오는 어휘를 사용하였습니다.

"자린고비가 무슨 뜻인 줄 알까?"
"구두쇠는 구두에 쇠를 박아서 구두쇠일까?"
신문 기사와 같이 주장하는 내용이 들어있는 글을 읽거나 어린지 잡지처럼 최근에 나온 시사적인 내용의 글을 읽게 되면 어떤 내용이 중요하다고 생각하는지 질문을 했습니다.

"바다에 버려진 폐타이어로 집게가 죽는다는 기사에서 어느 부분이 중요한 것 같아?"

아이들과 즐겁게 대화하기 위해서는 첫째, 책 선택을 강요하지 않는 게 좋습니다. 엄마의 욕심으로 여러 가지 책을 읽게 하고 싶을 수도 있습니다. 하지만 아이가 책을 선택하도록 기회를 주고, 스스로 선택한 것에 대해서 평가할 시간을 주는 것도 필요합니다. 서점에 가서 책을 골라서 왔는데 생각보다 재미가 없을 수도 있고, 다른 책을 샀으면 하고 후회할 수도 있습니다. 그런 과정을 통해서 다음에 책을 선택할 때는 시행착오를 줄일 수 있습니다. 독서 교실은 수업 과정의 책이 미리 정해지는 편이지만 아이들에게 수업 내용과 연관된 책을 선택하도록 도움을 주기도 했습니다. 어른의 욕심으로 독서를 강요하는 게 아니라 아이의 자율성을 존중했습니다. 둘째, 아이의 감정을 긍정적으로 유지하도록 하였습니다. 책을 읽고 대화를 할 때 감정이 긍정적이면 이후 대화도 긍정적으로 유지가 되지만 부정적이면 이후 활동이 어렵습니다. 억지로 읽는 책 읽기 분위기 속에서는 대화가 이루어지기 어렵지요. 6학년인 서준이도 엄마 옆에서 뒹굴뒹굴하면서 책을 읽을 때 책 이야기가 술술 나왔습니다. 강압적인 분위기가 이어지면 책 읽기가 의무가 되므로 대화로 이어지기 어렵습니다. 셋째, 일상에서 책의 주제를 연결하였습니다. 아이들이 읽는 책의 장르는 옛이야기, 명작, 과학, 사회, 역사 등의 여러 가지 주제가 있습니다. 예를 들어 서우와 『종이 봉지 공주』의 책을 읽고 나서 온갖 공주에 관한 이야기를 끄집어낼 수 있었습니다. 겉모습이 화려한 공주와 종이 봉지 옷을 입은 공주를 비교하였습니다. 마음이 예쁜 공주가 좋은지 겉모습이 예쁜 공주가 좋은지 대화했습니다.

"엘리자베스, 너 진짜 꼴이 엉망이구나! 진짜 공주처럼 챙겨 입고 다시 와!"

진짜 공주는 무엇인 것 같은지 이야기를 나눠보고, 왕자에게 어떻게 태도로 대할지 이야기 나눠보았습니다. 왕자를 잡아간 용은 진짜로 있는 동물인지, 옛이야기에 자주 나온 용 이야기도 했습니다. 책의 주제와 아이의 일상을 연결하여 이야기하다 보니 대화가 즐거웠습니다.

아이들과 대화를 할 때 2W 1H의 원칙을 적용했습니다. 첫째, WHAT : 무엇을 읽었는가? 둘째, WHY : 뭘 느꼈는가? 왜 그렇게 생각했는가? 셋째, HOW : 무엇을 배웠는가? 어떻게 실천할 것인가 입니다. 아이가 책을 선택하게 하였습니다. 예를 들어 어떤 책을 읽을지 아이가 선택하거나 엄마가 추천해주더라도 아이가 책을 알게 하였습니다. 그다음 책을 읽은 다음에 한 마디 대화를 나누었습니다. 책에 나온 주인공이 어땠는지, 기억나는 문장이나 그림이 무엇인지, 뭘 느꼈는지 질문을 하고 답을 들었습니다. 그러고 나서는 뭘 하고 싶었는지 추가로 질문을 하였습니다. 책을 읽을 때 2W 1H의 방식으로 엄마와의 대화를 이어나갔더니 지금은 밖에 나가서 '나는 책을 좋아해요. 『빨간 머리 앤』을 특히 좋아해요.'라는 형태로 생각을 말하게 되었습니다.

유아 - 호기심을 유발하는 책 읽기

일상과 책을 연결했습니다. 유아 시기에는 봄, 여름, 가을, 겨울의 사계절을 느끼고 표현할 수 있는 책을 읽는 게 좋았습니다. 이 시기에는 호기심이 많습니다. 지나가는 길에 본 식물과 곤충을 궁금해합니다. 아이들이 궁금해하면 도서관에 가서 관련된 책이 있는지 찾아보고, 계절의 변화를 표현하며 활동하는 책을 찾아 읽었습니다.

"이 꽃 이름이 뭔지 알아?"
"벌개미취라고 하는데 국화랑 비슷하게 생겼네."

유아 시기에는 일상에서 접하기 쉬운 글이나 호기심을 가지고 읽을 만한 내용으로 시작하면 좋습니다. 간단하고 쉬운 문장부터 읽고 대화를 하였습니다. 문장에서 누가, 언제, 어디에서, 무엇을, 어떻게, 왜 했는지 구분해서 읽어보며 아이의 호기심을 유도하였습니다.

초등 저학년 - 놀면서 읽는 책 읽기의 비결

초등 저학년에는 문자를 해독하는 게 서툽니다. 저희 아이들은 글자를 익혔는데도 책을 읽어달라고 하였습니다. 혼자 읽는 것보다 엄마가 읽어주는 걸 더 좋아했습니다. 엄마가 책을 읽어주면 아이는 궁금한 사항을 질문하기도 하고, 그림을 보면서 감상하기도 했습니다. 아이가 혼자 읽다가 모르는 어휘가 나올 때가 있습니다. 모르는 어휘가 한두 개라면 문맥으로 자연스럽게 이해하기도 하지만 읽기에 서툰 상태에서 뜻을 모르는 어휘가 여러 개가 나오면 아이는 줄거리나 주제를 이해하기 어려워했습니다. 읽기에 능숙하지 않은 아이에게 책을 혼자 읽으라고 하고 아이가 '다 읽었다'며 책을 덮으면 책의 주제를 이해했는지, 주인공에게 공감을 했는지 파악하기가 어려웠습니다. 줄거리를 물어보면 모르겠다고 대답을 하곤 했습니다. 독서 교실에서도 읽기가 서툰 아이와는 함께 책을 읽고 있습니다. 중간에 모르는 어휘가 있는지 대화를 합니다. 물론 단답형 질문 형태로 공부 확인을 하듯이 하면 아이가 힘들어하므로 "어떤 페이지가 제일 기억에 남아?", "주인공이 뭐 했을 때가 제일 좋았어?"라는 질문 정도로 아이의 대답을 유도했습니다.

가장 좋은 책 읽기는 놀이입니다. 초등 1학년인 아이들과 그룹 수업을 할 때는 중간에 놀이가 빠지지 않습니다. 가위바위보는 기본이며, 책 어휘를 맞추는 것도 스피드 게임 형태로 하니 재미있어했습니다. 초등 저학년 시기에는 아이가 모르는 어휘가 없는지를 확인하는 과정과 놀이 형태의 책 읽기가 효과가 있었습니다. 책에 있는 어휘의 뜻을 함께 알아보고, 책에서 중요한 내용이 무엇인지를 찾아보는 활동을 하였습니다.

초등 중학년 – 중심 문장을 찾는 책 읽기 노하우

초등 중학년에는 1~2학년에 비해 사회, 과학 등의 교과목이 생깁니다. 국어 과목에서도 설명문, 주장문 등 비문학의 제시 글이 늘어납니다. 긴 글을 읽을 때 핵심이 되는 중심 문장을 찾는 훈련이 필요합니다. 또한, 글 속의 숨은 의미를 추론하는 것도 연습해야 합니다. 중심 문장 찾는 연습을 자주 하다 보면 긴 글을 만나도 당황하지 않을 수 있습니다. 초등 중학년이 되면 주요 과목에 비중을 두다 보니 독서는 멀어지게 될 수도 있습니다. 독서를 시험 공부하듯이 몰아서 한다거나 의무감으로 하게 되기도 하고요. 독서 교실의 도형이는 자율성이 떨어진 독서를 하고 있었습니다. 엄마에 의해서 사교육에 다니게 되다 보니 모든 것이 숙제로 다가왔나 봅니다. 일주일에 한 번 하는 수업도 숙제하고 검사받는 기분으로 했고, 제가 내주는 독서 감상문 쓰기 숙제도 책을 자주 베껴왔습니다.

틱 증상도 있었기에 수업 시간에 도형이의 말에 귀 기울여주었습니다. 재미있는 책을 추천해주고, 마음을 편안하게 해주는 수업이라는 느낌이들도록 해주었습니다. 도형이와 꾸준히 긴 글을 읽으며 중심 문장을 찾은 다음, 핵심 내용을 정리하는 연습을 많이 하였습니다. 글을 읽고 주제에 대하여 도형이의 생각을 이야기하게 하였습니다. 책을 읽고 3년 정도의 수업을 하고 난 후 도형이는 회장 선거에서 공약을 내걸 정도로 자신감이 커졌고, 틱 증상도 거의 사라졌습니다. 스스로 재밌게 느끼는 책은 여러 번 읽기도 했습니다. 자율성이 최고의 동기부여입니다.

초등 고학년 - 차이를 아는 비판적 책 읽기

초등 고학년이 되면 교과가 상당히 어려워집니다. 이 시기에는 제시글이 더욱 길어지기 때문에 능동적, 비판적으로 읽을 필요가 있습니다. 책의 내용을 그대로 받아들이는 게 아니라 등장인물의 행동에 대해 비판적으로 읽어야 합니다. 독서 교실의 5학년 주영이는 글을 빨리 읽는 습관이 있었습니다. 그러다 보니 비판적으로 읽지 못하고, 책의 내용을 요약해서 머릿속에 집어넣기에 급급했습니다. 주영이에게는 천천히 읽으면서 밑줄 그으며 읽는 것을 자주 이야기해주었습니다. 등장인물의 행동이 어떤 것 같은지에 대한 질문을 자주 하였습니다. 비판하면서 읽다 보니 주영이가 먼저 질문을 하기도 하였습니다.

"선생님, 주인공 ○○○는 아버지가 일본 형사에게 잡혀갔을 때 하늘이 무너질 것 같았을 것 같은데 어떻게 참았어요?"

고학년에는 비문학과 문학으로 나누어 특징에 맞게 읽어야 합니다. 문학은 소설, 시, 수필 등을 이야기하는데 중심 내용이나 중심 소재, 어휘, 추론적인 내용을 파악해야 합니다. 비문학은 설명문이나 논설문 등으로 구조를 파악해서 주제어나 글의 목적, 비판적인 내용을 살펴보는 연습을 해야 합니다. 비문학을 읽을 때는 문단의 중심 내용을 정리한 다음에 구조를 파악해야 주제를 찾을 수 있습니다. 중학교 교과에는 근대, 현대를 배경으로 하는 단편 소설과 시가 실리는데, 이는 시대적인 배경 지식이 없으면 한 번에 읽기가 어렵습니다. 또 중학교에서 배우는 '한문' 과목 대비를 해야 합니다. 한자어와 관용어, 고사성어가 많이 나오기 때문에 일상생활에서 엄마와 관용어나 고사성어를 활용하도록 해보는 게 좋습니다. 아이가 잘한 일이 있을 때는 '이전에도 없었고 이후에도 없다'라는 뜻을 가진 '전무후무'한 훌륭한 일이라 칭찬을 해주고, 아이가 안 좋은 일이 생겼을 때는 화가 복이 되었다는 '전화위복'이 되었다는 것을 알려주었습니다. 지문이나 제시어에서 어휘를 찾아내고 어휘의 의미와 쓰임을 찾아보거나 복습하며 일상에서 적용하니 도움이 많이 되었습니다.

아이들이 고학년이 되면 엄마가 함께 책을 읽는 게 어려울 수 있습니다. 그렇다 하더라도 아이가 어떤 책에 관심이 있는지, 어떤 책을 추천해주어야 하는지 엄마가 알고 있는 것과 그렇지 않은 것은 큰 차이가 있습니다. 아이가 관심 있어 하고, 하고 싶은 것에 관한 대화를 하거나 책을 추천하면서 아이의 잠재력을 끌어내는 시간을 기다려줘야 합니다.

책을 읽고 아이들과 대화를 하는데 3가지 장점이 있습니다. 첫째, 책을 통해 변화할 수 있다고 믿는 마음이 생겼습니다. 둘째, 책을 매개체로 연결이 되어 있으면 서로에 대한 신뢰가 생겼습니다. 셋째, 책을 통해 자신에 관한 성찰을 할 수 있고, 다른 것에 대해 비판적으로 바라보게 되었습니다. 즉 책 읽기를 통해 세상을 배우고, 대화를 통해 다른 사람을 이해하며, 무엇보다도 자신에 대해 배우게 되었습니다.

5.

아이 성향과
독서력에 따라
읽게 하라

    대형 서점에 아이들과 자주 갔습니다. 서점에는 책도 많고 사람도 많습니다. 아이들 책을 보면 눈이 번쩍 떠졌습니다. 서점에서의 경험은 기분이 좋았습니다. 학기가 시작될 때, 새로운 공부가 하고 싶을 때, 마음이 불안할 때마다 서점에 갔습니다. 구입한 책을 다 읽지는 않았지만, 서점에 가면 이상하게도 지금 잘하고 있다는 위안이 들었습니다. 한두 권 책을 사서 집에 오면 불안했던 요소가 해결된 것도 아닌데 마음만은 평온해지면서 뭔가 시작했다는 느낌이 들었습니다. 이 느낌이 좋아서 앞으로도 불안한 일이 생기거나 도전해야 할 일이 생기면 서점에 갈 것 같습니다.

아이들과 함께 책을 읽다 보면 책의 종류에 따라서 읽는 방법이 다르다고 느낍니다. 무작정 많이 읽는 것만이 좋은 읽기는 아닙니다. 첫째, 책의 종류나 특징에 맞게 읽는 것이 필요합니다. 둘째, 아이의 독서 성향에 맞게 읽어야 합니다. 셋째, 학교나 나이별 추천도서가 아니라 아이의 독서력에 따라 독서 나이에 맞는 책을 읽는 것이 필요합니다.

즐거움과 재미를 주는 이야기책 읽기

"옛날이야기에는 왜 착한 사람과 나쁜 사람이 많이 나와요?"

1학년 정우는 옛이야기 속에서 왜 나쁜 사람이 많이 나오는지 질문하였습니다. 착한 일을 하면 복을 받고, 나쁜 일을 하면 벌을 받는다는 권선징악과 교훈의 의미를 알려주었습니다.

옛이야기는 조상들의 지혜와 생활 모습을 관찰할 수 있고, 이야기마다 완성도 있는 줄거리와 권선징악의 결말로 끝나는 구조여서 유아 시기부터 읽기에 좋았습니다. 옛이야기는 이야기의 재미가 있으므로 책을 좋아하게 만드는 도구가 됩니다. 반복적인 구조라서 아이들이 이해하기도 쉽습니다. 또한, 지혜와 용기가 많이 나오기 때문에 책을 읽은 후에 주제를 생각하고, 이야기의 뒷이야기를 상상하거나 역할극을 할 수 있습니다.

명작은 책을 요약본으로 줄거리를 정리해놓는 형태의 전집 구성이 많아서 유아시기에 읽기에 아쉬움이 남았습니다. 명작의 감동을 감상하려면 완역본을 읽거나 최소한 청소년용으로 된 요약본을 읽어야 하는데 전집 시리즈는 같은 분량으로 맞춘 요약본이어서 이름만 명작일 수 있습니다. 전집은 기획 시리즈로 만들어지므로 분량을 맞추다 보니 과도하게 축약하곤 합니다. 따라서 명작은 한 권으로 된 단행본으로 읽는 게 좋습니다. 그러니 초등 중학년 이후가 적절한 시기입니다. 유아나 초등 1, 2학년 시기에 이미 그림책 전집 명작 책을 읽었다고 하더라도 초등 중학년 이후에 다시 읽는 것이 좋습니다.

이야기책을 읽을 때는 등장인물의 정서나 상황을 파악하고, 인물의 말과 태도를 이해해야 합니다. 등장인물에 공감하면서 읽기 위해서 독서 전에 적절한 질문을 통해 호기심을 불러일으켰습니다. 예를 들어 책 표지의 그림을 보면서 주인공의 첫인상이 어떤지, 주인공의 성격이 어떨 것 같은지, 왜 이런 행동을 하는 것 같은지에 대한 내용으로 대화를 나눠 보았습니다. 독서를 할 때는 '만약 나라면 어떠한 행동과 생각을 했을까?' 질문에 답을 하면서 등장인물의 말과 태도를 이해해보도록 했습니다. 공감 능력을 키워야 글을 잘 쓸 수 있습니다. 공감 능력이 부족하게 되면 깊이 있는 독해가 어려워질 수 있습니다.

독서를 하고 나서는 책과 연계된 독후활동이나 쓰기 활동을 하였습니다. 처음에는 낱말 위주의 짧은 문장의 글을 써보았습니다. 이때 맞춤법은 강조하지 않았습니다. 독서 일기를 통해 책을 읽고 글을 쓰는 연습을 충분히 한 다음에 어느 정도 연습이 되면 독서 감상문 형태의 구성을 갖춘 글을 써보게 하였습니다.

이야기책에는 나와 비슷한 고민을 하는 주인공이 등장하기도 하고, 실수하거나 부족한 인물이 나오기도 합니다. 어린 시절 이야기를 떠올리며 쓴 글『선생님, 기억하세요?』(데보라 홉킨스 글, 낸시 카펜터 그림)는 웅덩이를 첨벙거리며 실수를 하는 아이가 따뜻한 선생님의 위로를 듣고 읽고 쓰는 것을 연습하며 성장하게 되는 이야기입니다. 이야기책을 읽으면서 나와 비슷한 주인공의 이야기를 들으며 용기를 얻고 슬픔이나 아픔을 이겨낼 힘을 얻기도 하였습니다.

새로운 내용을 배우는 지식책 읽기

초등 1, 2학년 때는 봄, 여름, 가을, 계절 통합과목을 배우며 자연에 대해 학습하고, 초등 3학년 때 초등학교 교육 과정에서 본격적으로 자연 관찰에 관한 내용이 나옵니다. 이때 과학 개념이나 한살이 같은 원리 이해 내용이 교과서에 나옵니다. 아이들이 어릴 때부터 자연 관찰 책을 많이 접하게 해주었습니다. 하지만 자연 관찰 책은 아이가 좋아하는 그림에 대한 호불호가 있었습니다. 서준이는 실사 그림의 동물, 식물 그림책을 잘 봤지만, 서우는 세밀화를 좋아했습니다. 서준이는 과학 그림책을 시작으로 과학 인물 책, 지식 정보책으로 글의 분량을 늘려가면서 관심을 확장해나가고 있습니다. 서우는 과학 그림책을 읽고 있습니다. 지식 책의 글의 분량을 서서히 늘리고 있습니다. 자신의 독서력보다 높은 수준의 책으로 무리해서 단계를 이동하기보다는 흥미 있는 부분을 탐색하는 시간을 더 갖기로 하였습니다. 도서관에 가서 여러 종류의 책을 찾아보았습니다. 서우는 과학을 주제로 한 지식 책이면서도 이야기가 있는 책을 더 좋아했습니다. 좋아하는 주제가 무엇인지 살펴보고 아이에게 맞는 책을 찾았습니다.

지식 책은 이야기책과 구성이 다릅니다. 지식 책에도 이야기가 있지만, 책마다 정보와 그림이 있고, 작은 글씨로 책 곳곳에 배경 지식을 설명해주고 있습니다. 아이에 따라서는 정보를 전달하는 작은 글씨는 건너뛰고 읽을 수 있습니다. 따라서 지식 책은 두 번 이상 밑줄을 그으면서 읽는 것이 좋습니다.

지식 책을 읽을 때는 글의 내용을 정확하게 이해하고, 핵심어와 중심 내용을 찾으며 글을 정확히 비교하며 읽도록 하였습니다. 글에서 말하고자 하는 핵심을 파악하며 읽는 방법이 필요합니다. 지식 책 읽기는 아이가 관심 있는 분야의 도서부터 시작하였습니다. 예를 들면 공룡이나 곤충에 관심이 있다면 그 분야의 책으로 시작하는 것입니다. 지식 책은 모르는 어휘가 있으면 이해하기가 어려우므로 개념에 해당하는 어휘를 미리 익히고 책을 읽었습니다. 예를 들어 화산 폭발에 대한 글을 읽을 때 마그마는 용암과 화산가스가 섞인 상태로 액체와 기체가 섞여 있는 것이므로 마그마, 용암, 화산가스, 액체, 기체에 대한 개념어를 알고 책을 읽으면 글의 의도를 파악하며, 어휘력을 기르기 좋았습니다. 지식 책을 읽고 나서는 주제가 가지는 특징을 찾고 책을 읽고 새로 알게 된 점을 찾아보았습니다.

아이들의 수준에 맞는 고전책 읽기

고전은 온전한 분량으로 읽어야 의미가 있지만, 아이들의 수준에 맞는 번안된 책을 선정하였습니다. 다만 얇은 그림책은 고전으로 생각하지 않았습니다. 서준이는 『로빈슨 크루소』, 『80일간의 세계 일주』 등을 읽었고, 서우는 창작 동화이지만 널리 읽히고 있어서 고전으로 불리고 있는 『꽃들에게 희망을』, 『어린 왕자』 책을 선택하여 함께 읽었으며, 『제인 에어』, 『오만과 편견』과 같이 남녀 주인공의 감정 변화가 나타난 이야기들에 흥미를 느껴서 함께 읽었습니다. 서준이가 초등학교에 입학했을 때 『어린이 사자소학』을 읽고 필사를 하였고, 서우는 2학년 때 『어린이 명심보감』을 함께 읽었습니다. 같은 고전이어도 한자 쓰기에 흥미가 있느냐에 따라 책 선택이 달랐습니다. 고전 읽기는 아이가 흥미를 느끼는 책부터 읽는 게 중요했습니다.

학습만화는 줄글 책과 함께 읽기

아이들은 학습만화를 좋아하였습니다. 아이에게는 줄글 책보다 재미

있다는 이유가 있고, 엄마에게는 학습만화를 통해서 배경 지식을 얻게 될 것이라는 기대감이 있었습니다. 아이들이 줄글 책보다 학습만화를 더 좋아하는 이유는 글이 짧고, 대화체에서 재밌어 하는 요소가 많이 들어가 있으며, 그림이 주는 재미가 있기 때문입니다. 또, 학습만화의 최대 장점으로는 책을 좋아하지 않는 아이도 읽는다는 점입니다. 시각적인 이미지로 풀어가니 전달이 잘 되는 장점이 있습니다. 아이들이 모두 학습만화에 몰입했습니다. 따라서 학습만화를 선택할 때 유익한 내용이 있는 것으로 골라서 아이에게 재미있는 책이면서 도움도 주는 것으로 선택했습니다. 예를 들어 『설민석의 한국사 대모험』, 『설민석의 세계사 대모험』, 『How so 학습만화』, 『보물찾기』 등은 지금도 집에서 인기 있는 시리즈입니다.

하지만 학습만화를 읽으며 독서를 대체하지는 않았습니다. 학습만화와 줄글 책을 병행하면서 읽도록 하였고, 학습만화를 읽은 후에 독서 활동 및 이야기를 나누었습니다. 학습만화는 줄글 책보다 문장이 짧고, 감탄사나 흥미 위주의 이야기체도 많으므로 학습만화만 읽었을 때는 문장력을 키울 수 없으며, 독해력 향상도 되지 않습니다. 학습만화의 지식 정보는 읽지 않고, 대화체의 페이지만 읽는다면 배경 지식 향상에도 도움이 되지 않습니다. 게다가 학습만화는 글자를 꼼꼼하게 읽지 않고 대충 읽는 습관이 생길 수 있어서 학습만화는 휴식 시간에 읽게 하였고, 별도의 독서 시간은 따로 배정하였습니다.

아이들이 고학년이 되면 긴 호흡의 글을 읽으면서 정보를 얻고, 재미도 느낄 수 있어야 하는데, 학습만화만 읽는다면 긴 호흡의 글을 연습할 수 없습니다. 구어체 위주의 글만 읽다 보면 비문학 글을 읽는 것을 어려워할 수도 있습니다. 짧은 글을 읽는 데 익숙해지면 긴 글을 읽는 독해력이 부족해집니다. 무엇보다도 한 번 나쁜 습관이 형성되게 되면 다시 되돌리기에 오랜 시간이 걸리게 됩니다. 엄마들이 아이에게 학습만화를 허용하는 이유는 학습만화 중간에 나오는 정보 페이지 때문입니다. 그런데 아이들은 정보 페이지만 빼고 읽는 경우가 많습니다. 학습만화 위주로만 읽는 아이들은 호흡이 긴 글을 읽기 어려워하는 편이었습니다. 6학년 범진이는 유난히 학습만화를 좋아하였습니다. 수업 시간에 일찍 오거나 다른 친구보다 글쓰기를 일찍 마치게 되면 가방에서 학습만화를 꺼내 읽었습니다. 머리를 식히는 의미로 잠깐 읽는 것은 허용해주었으나 짧은 글 읽는 데는 익숙하고, 긴 글을 읽는 것은 어려워한다고 판단이 되었을 때는 중단시키기도 했습니다. 따라서 학습만화를 읽게 할 때는 관련 주제의 줄글 책과 함께 읽기를 지도하였습니다.

온라인 책 읽기

전자책이나 e-북의 형태가 늘어나고 있습니다. 온라인 책 읽기의 가장 큰 특징은 시간과 장소에 상관없이 읽을 수 있다는 점입니다. 아이가 한 번 읽은 책을 재밌어할 경우, 필요한 부분만 찾아서 효율적으로 활용할 수 있고, 북마크나 저장 기능을 이용하여 보관할 수 있습니다. 온라인으로 책을 읽을 때는 엄마가 미리 책의 내용을 살펴보고 추천을 해주는 것이 좋습니다. 스스로 온라인 책 읽기에 재미를 느낀다면 혼자서 책을 읽는 습관으로 이어지기도 할 겁니다.

6.

문해력을 키우는
아날로그식
대화법

코로나19 바이러스로 아이들의 원격수업이 진행되었던 시기가 있습니다. 원격수업에 온라인 동영상 활용을 많이 하다 보니, 유튜브를 비롯한 온라인 동영상 플랫폼이나 포털 및 검색 엔진 활용을 많이 하였습니다. 유튜브와 같은 디지털 미디어의 영향력이 늘어나서 디지털 플랫폼을 이용하는 아이들도 늘어났습니다. 가족 간의 대화를 카카오톡으로 한다는 이야기도 들어보았습니다. 스마트폰을 사용하는 경우에는 카카오톡을 이용해 먼 곳에 떨어져 있어도 안부를 전하는 대화를 할 수 있겠지만 여전히 얼굴을 마주 보며 하는 아날로그식 대화가 더 친근하지 않을까 생각해봅니다.

비대면 시기에 대화하는 루트

2020년 이후 코로나19 바이러스와 함께 생활 중입니다. 2020년과 2021년에는 아이들이 학교에 매일 가지 않았습니다. 2021년, 초등 저학년은 주 5일 등교를 하게 되었지만, 초등 고학년은 친구들과 선생님을 매일 만나지 못하였습니다. 그러다 보니 바깥에서 뛰어노는 시간이 부족해졌습니다. 어제와 비슷한 오늘을 보내고, 친구들을 만나는 시간이 줄어들었습니다. 외부에서 친구들을 못 만나니 집안에서 가족과 대화하는 일이 더욱 중요하게 느껴졌습니다. 저는 집에서 일하는 워킹맘이므로 원격수업을 하는 시기에 아이들과 함께 있었습니다. 친구들과 지내지 못하는 공백을 조금이라도 채워주고 싶었습니다.

"요즘 뭐가 재미있니?"

"별거 없어요."

아이들이 평소에 어떤 생각을 하고 있는지 대화를 하려고 시도했으나, 같은 내용이 반복되는 날도 많았습니다. 비대면 원격수업을 하는 도중에 느끼는 것을 질문하고 대화하였습니다.

"무슨 일 있니? 밥 먹을 때 고민이 있어 보였는데……."

"학원에 가기 전에 친구들이랑 운동장에서 비행기 날려보고 싶어요."

아이가 요즘 관심 있어 하는 주제나 내용으로 대화를 하다 보면 이야기가 이어졌습니다. 대화를 방해하는 가장 위험한 요소는 잔소리와 관심 없는 주제입니다. 대화할 때 아이에게 뭔가 전달을 하려거나 가르쳐주려고만 하면 대화가 이어지지 않았습니다. 아이가 대화하는 것을 부담스럽지 않도록 했습니다.

칭찬을 높은 자존감으로 만드는 방법

기분이 좋은 날도 있고, 기분이 안 좋은 날도 있을 겁니다. 아이들은 여러 가지 일을 겪으며 성장합니다. 크고 작은 성공을 하고 실패를 합니다. 공부를 잘하기도 하고, 운동을 잘하기도 합니다. 독서 교실의 세현이는 공부도 잘하고 친구도 많습니다. 하지만 엄마가 공부에 대한 기준이 높아서 공부량이 다른 아이들에 비해 많은 편입니다. 그러다 보니 자주 엄마에게 혼나는 것 같았습니다. 제가 보기에는 너무나 잘하는 것 같은데, 엄마에게 자주 혼이 난다고 했습니다. 학년이 올라갈수록 세현이의 목소리는 작아졌습니다. 아이들의 자존감은 태어날 때는 가득 충만해 있지만 성장해나가는 과정에서 자존감이 손상되어 갑니다. 안타깝게도 자존감이 손상되는 과정에는 늘 부모가 함께 있습니다. 부모는 아이들에게 가장 소중하고 의미 있는 존재입니다. 그리고 부모에게서 영향을 받아, 아이들은 자아를 형성하게 됩니다. 자아를 형성하는 과정은 부모의 눈에 자기가 어떻게 비치고 평가받는지에 따라 자신의 자아를 받아들인다고 합니다.

그러므로 아이들은 부모에게 인정을 받으려고 합니다. 엄마가 왜 이 정도만 했는지를 따진다면 아이는 그 선에서 자신을 둘러보게 됩니다. 엄마의 눈빛, 엄마의 말 한마디가 거울처럼 아이에게 반영되는 것입니다. 부모는 아이들의 말에 경청해주고, 감정을 살펴봐주어야 합니다. 그래야 아이들과 대화가 이어집니다. 아이들은 있는 그대로 인정받고 싶어 합니다. 아이의 자존감을 키우는 방법은 부모가 긍정적으로 인정해주면 되는 것입니다. 기쁠 때나 슬플 때나 부모와 대화하고 현재 감정 그대로를 공감 받을 때 부모에게 인정받는다고 느끼게 됩니다.

"엄마, 이번에는 수학 시험 100점을 맞고 싶어요!"

아이들은 잘하고 싶은 마음이 항상 있습니다. 엄마의 말과 행동이 아이의 자존감에 영향을 미칩니다. 엄마에게 더 인정받고 싶은 마음이 있기 때문이지요. 엄마에게 평가받는다고 느끼지 않기를 바랍니다. 아이를 평가할 마음도 없습니다. 엄마에게 평가받은 아이는 다음번에도 불안한 마음을 가지게 되니까요. 엄마가 자주 잔소리를 하고, 아이의 감정을 억압하며 인정해주지 않을 때 아이는 자신을 숨기고 표현하지 않게 됩니다. 아이에게 가장 필요한 것이 스스로 있는 그대로 인정하면서 자신을 소중히 여기는 마음입니다. 아이가 자존감을 가지고 세상에 한 발자국

내딛기 위해서는 부모의 인정이 필요하다고 합니다. 잘하든 못하든 아이 스스로 자기를 인정하면 좋겠습니다.

엄마들은 아이가 공부도 잘하고, 좋은 대학에도 가고, 다른 사람들에게 인정을 받는 사람이 되기를 바랄 겁니다. 다른 아이들보다 조금 더 잘하기를 바라는 마음에 학원도 보내고 사교육도 시키면서 열심히 비교하며 가르치지만, 결과는 틀 안에 아이를 가두는 것일 수 있습니다. 틀 안에 갇힌 아이는 그 안에서 비교당하고 경쟁을 하게 됩니다. 하지만 틀 밖에서 아이를 키우는 방법도 있는 것 같습니다. 아이들의 생각을 열어주는 것입니다. 학교 공부, 학원에만 신경 쓸 게 아니라 아이가 다른 방식으로 생각을 할 수 있도록 해주는 것입니다. 틀 밖에서 아이를 키우려면 질문을 하고, 호기심을 갖는 것부터 시작합니다. 아이의 호기심을 열어주는 건 엄마의 몫입니다. "엄마, 이게 궁금해요."라고 이야기를 했는데, "그건 됐고, 학원 숙제나 해!"라고 반응을 하면 아이의 창의력은 출발도 하지 못한 채 틀 안으로 사라지게 됩니다. 아이의 창의력은 엄마의 인정을 바탕으로 한 대화에서부터 시작합니다.

아날로그식 대화에 집중하는 방법

매일 저녁 아이들과 책을 읽고 있습니다. 아이마다 편차는 있겠지만 고학년은 글의 분량이 많으므로 이틀에 한 권, 저학년은 하루에 세네 권씩 읽을 수 있는 것 같습니다.

"가을에 자주 볼 수 있는 곤충은 어떤 것이 있을까? 집 근처에서 어떤 곤충을 본 적이 있어?"

책을 읽지 않은 상태에서 이런 대화를 하려면 공부가 됩니다. 하지만 책을 읽고 나서 하는 대화는 이야기가 됩니다. 언제 어디에서 놀 때 곤충을 본 적이 있는지, 재잘재잘 이야기를 합니다. 꼭 책을 읽고 대화를 하라는 건 아닙니다. 어떤 주제라도 대화할 수 있도록 부모가 응원하고 관심 가져야 합니다. 오늘 무슨 고민이 있는지 물어보고, 호기심 있는 주제라면 좋은 주제라고 칭찬을 자주 해주면 충분할 겁니다. 가장 효과적인 방법이 칭찬입니다. 아이를 평가하거나 잔소리하려는 마음은 접고 칭찬으로 대화를 열어 간다면 아이들과의 대화가 잘 이어질 수 있습니다. 디지털 세상이 되어 엄청난 양의 정보가 쏟아지고 있습니다. 엄마의 마음도 바쁘고, 아이들도 디지털 세상에서 동떨어진 존재일 수 없게 되었습니다. 이런 때일수록 아날로그식 대화에 집중해야 합니다.

제 4장

쌓이고 쌓여
기적이 되는
습관
– 짧은 글쓰기

1.

즐거운
글쓰기를 위한
3가지 루틴

"와, 이제 제법 잘 쓰는데!"

아이들이 연필 끝을 꾹꾹 눌러서 쉬지 않고 글을 써내려갑니다. 독서 교실에서 수업 시 구성에 맞는 글쓰기 연습을 많이 하므로 처음, 가운데, 끝의 구성에 맞게 쓰는 연습을 하고 있습니다. 독서 감상문 처음 쓰는 방법, 가운데 쓰는 방법, 마무리하는 방법, 일기 쓰는 법, 설명문 쓰는 법을 정리하여 쓰게 합니다. 잘 따라서 하는 아이들도 있고, 몇 번을 가르쳐주어도 잘 못 따라 하는 아이들도 있습니다. 자유 주제로 글을 쓰기도 합니다. 빈 종이에 오늘의 글쓰기를 하라고 하면 막막해하는 아이들도 있고,

이야기 나눈 것을 떠올리며 막힘없이 써 내려가는 아이들도 있습니다.

글쓰기를 잘하는 아이들도 있고, 글쓰기를 힘들어하는 아이들도 있습니다. 글쓰기를 잘하는 아이들의 특징은 관찰력이 좋아서 그날 일어난 일을 꼼꼼하게 묘사하거나 표현을 하고, 글을 쓰는 시간이 오랫동안 쌓여 있는 공통점이 있습니다. 그러나 많은 아이들이 글쓰기를 힘들어하는 편입니다.

초등학교 아이들이 쓰는 글은 교과 과정에서 써야 하는 글과 학교에서 내주는 독서 감상문, 일기, 생활문 쓰기가 대부분입니다. 그나마도 이것을 즐겁게 하는 아이들은 거의 없습니다.

어린 시절에는 이토록 쓰기 싫어하던 글쓰기지만 성인이 되면 글을 쓰지 않고서는 살 수 없는 세상이 됩니다. 물론 어른이 되어서 독서 감상문과 일기를 의무적으로 쓰지는 않지만, 회사에서 쓰는 보고서는 전부 글쓰기라고 할 수 있습니다.

아이들과 글쓰기를 할 때 재밌다, 슬프다 등의 단순한 감정 형용사로 마무리하는 것이 많았습니다. 아이들이 글쓰기를 이렇게 힘들어하는데, 학교에서 글쓰기를 시키는 이유는 뭘까요? 학교에서 글쓰기를 하게 하는 이유는 글쓰기를 하다 보면 생각을 정리하는 데 도움이 되기 때문입니다. 생각을 정리하다 보면 공부에도 도움이 되고, 문해력도 좋아져서 결국 학교 공부뿐만 아니라, 생각을 표현하는 데 도움이 되기 때문입니다.

글을 잘 쓰기 위한 루틴

아이들이 글을 잘 쓰기 위해서는 3가지 루틴이 있습니다. 독서 교실에서 사용하는 장르별 글쓰기를 하는 법과는 다른 일상적인 습관이 필요합니다.

첫 번째는 스스로 하고 싶은 마음이 드는 것입니다. 인간 중심이론의 심리학자인 칼 로저스는 "인간은 잠재력이 있고, 자기실현을 할 수 있는 존재."라고 이야기하였습니다. 감자가 어두운 창고에서 스스로 싹을 틔웠듯이 사람도 자기 스스로 내면에서 성과를 할 수 있다고 하였습니다. 글은 아이의 내면에서 나와야 합니다. 생각과 경험이 글쓰기의 기본이 되어야 합니다.

어렸을 때부터 자연스럽게 글쓰기를 하면서 글쓰기 실력을 누적시킬 수는 없을지 고민이 되었습니다. 서준이는 초등 1~2학년 때 글쓰기를 어려워하였습니다. 학교에서 내주는 주제별 글쓰기를 제출해야 하는 일요일 저녁이 되면 눈물바다가 되기 일쑤였습니다. 엄마가 독서 논술 교사인데, 아이가 이렇게까지 글 쓰는 것을 어려워하는 게 안타까웠습니다. 아이가 글 쓰는 것에 익숙하지 않다는 판단이 들었습니다.

어릴 때부터 글을 써야 하는 환경에 노출되어 있지 않았던 것이지요.

서준이는 한글을 일찍 깨우치고 학습에 능동적인 편이었지만 일기를 쓰는 등의 연습이 되지 않았고, 생각을 자유분방하게 쓰는 기회가 없었습니다. 아이가 처음으로 쓰는 글이 스스로 마음이 내켜서 자유롭게 쓰는 글이 아니고, 학교에서 내주는 과제가 되었기에 어려워했던 것이지요. 편안한 분위기와 형식에 얽매이지 않는 글을 쓰는 기회를 만들었더니 서서히 글이 좋아졌습니다. 글을 쓰는 건 생각과 마음을 꺼내는 일입니다. 자유롭게 생각을 쓰게 한 것이 도움이 많이 되었습니다. 아이가 3학년 때는 전국 독서 올림피아드 대회에서 금상을 받기도 하였습니다. 독서 올림피아드 수상 이후 서준이는 자신감이 많이 생겼습니다. 자신의 감정을 더 잘 꺼낼 수 있게 되었습니다.

두 번째는 스스로 써보는 것입니다. 하얀 종이 위에 글자의 흔적을 남겨야 합니다. 연필에서 검은 흑심이 흔적을 만들고, 노트에 검정색 글씨가 새겨져야 합니다. 문장을 써보고, 문단을 만들어야 합니다. 매일 두 줄 글쓰기를 하든지 그림을 그리든지 노트 위에 뭔가를 스스로 써야 합니다. 독서 교실의 유건이는 1학년부터 독서 교실에 다녔는데, 글이 생각만큼 잘 늘지 않았습니다.

책을 읽고 생각을 나눈 후에 글을 쓰는데도 글을 써야 하는 시간만 되면 뭘 써야 할지 모르겠다고 했습니다. 한참 동안 선생님인 제 얼굴만 빤히 쳐다보았습니다. 그러면 시작할 수 있는 첫 문장의 힌트를 알려주었습니다. 그리고 중요한 핵심어를 찾아서 연결을 시켜 글쓰기 연습을 했습니다. 유건이가 글쓰기가 빨리 늘지 않았던 이유는 스스로 첫 문장을 시작하지 않은 점 때문입니다. 5학년이 된 지금은 핵심어도 잘 찾고 시작하는 문장도 다양하게 쓰고 있습니다.

세 번째는 질문을 만들어야 합니다. 질문이 오고 가면 답을 찾으면서 글쓰기를 할 수 있습니다. 하지만 엄마가 계속 질문을 만들어주기 어려울 겁니다. 아이 스스로 질문을 만드는 게 낫습니다. 아이가 어렸을 때는 재잘재잘 이야기하면서 엄마에게 이것저것 질문을 던지지만 커가면서 부모님의 눈치를 살피게 되고, 어느 순간 부모님이 대답을 잘 해주시지 않는다는 것을 깨닫게 됩니다. 그러면 질문이 멈출 수밖에 없습니다. 질문이 멈추면 어떻게 글을 써야 할지도 멈춥니다. 아이들이 좋아하는 분야면 질문이 계속 이어지기 마련입니다. 질문이 있다는 것은 대상에 대해 호기심을 가지고 색다르게 관찰을 하는 것입니다. 새로운 눈으로 관찰을 하고 질문을 하다 보면 창의력도 높일 수 있습니다.

사슴벌레를 좋아하는 아이가 있었습니다. 자주 보는 사슴벌레지만 지칠 줄 모르고 관찰하였습니다. 어느 날 사슴벌레가 짝짓기를 하는 장면에 대해 이야기를 했습니다. 아이들은 어른들과는 다른 눈으로 곤충을 봅니다. 어른들이 보기에 징그러운 것도 아이들에게는 낯선 새로운 대상입니다. 관찰을 하고 동시를 지었습니다. 동시 옆에 두 마리의 사슴벌레 그림도 그랬습니다. 관찰을 하고, 질문을 하며 아이는 세상을 새로운 시선으로 바라보고 있었습니다.

매일 쓰면서 습관을 만드는 방법

아이들에게 글쓰기란 마치 습관과 같습니다. 스스로 하고 싶은 마음이 들어서 글을 써보는 매일 일상이 루틴이 될 때 잘 쓸 수 있습니다. 누군가의 강요로 쓰는 게 아니라 새로운 놀이를 하듯 들뜨는 마음으로 글쓰기를 해야 합니다. 이렇게 할 수 있도록 환경을 만들어줘야 합니다. 억지로 쓰는 글, 형식만 중요하게 여기는 글이 아니라 마음을 표현하는 글을 쓰게 되면 아이의 자존감도 올라갑니다. 자기의 감정을 숨기지 않고 표현할 수 있게 되기 때문입니다. 스스로 감정을 살펴보는 글을 쓰게 되면 생각을 더 많이 하게 됩니다. 아이들은 자신을 표현하는 글을 쓰면서 자신감이 살아났습니다. 글을 쓰면서 자신의 감정을 알게 되기도 했습니다. 엄마이자 독서 논술 교사인 저도 아이들의 글을 보면서 마음을 알게 되었습니다.

아이들이 글을 잘 쓰는 특별한 방법이 있는 것은 아닙니다. 글을 잘 쓰는 작가에게 배운다고 아이들의 글쓰기 실력이 향상되는 것은 아닙니다. 아이가 스스로 글을 쓰고 생각을 키워야 합니다. 매일 조금이라도 써보는 것이 그나마 가장 확실한 연습 방법입니다. 글쓰기를 습관처럼 하다 보면 창의력이라는 게 생기게 됩니다. 글 쓰는 것은 연필을 움직이는 것입니다. 연필을 움직여서 종이를 채워나가는 시간만큼 아이들 글쓰기도 늘어납니다. 글을 쓰기 위해 이야기를 나눴던 시간이 아이도 저도 성장시켰습니다.

2.

독서 후,
다양한 글쓰기
방법들

　학교마다 독후 활동을 강조하는 방법과 내용이 다릅니다. 매주 독서 감상문을 과제로 써오게 하거나, 담임 선생님이 독서 후 글쓰기를 챙겨주실 때도 있고, 아이들이나 가정의 상황에 맞게 자율적으로 맡기기도 합니다.

　어떠한 환경이든 책을 읽고 독서 감상 글쓰기를 하는 것은 아이들에게 부담으로 작용을 하곤 합니다. 책만 읽으면 안 되나요? 책을 읽고 왜 글쓰기로 연결을 시켜야 하는 걸까요? 글쓰기를 통해 살아갈 가치를 찾고, 삶을 나아가게 할 수 있습니다.

"이 책은 학교 교과연계 추천 책이니까 읽어보고 독서 감상문을 써봐."

이렇게 책을 읽은 다음에 책의 내용을 기억해서 의무적으로 내용을 기록하는 것은 글을 쓰는 성인의 삶으로 이끄는 데 도움이 되지 않고, 글쓰기를 어린 시절의 숙제로만 하게 될 가능성만 높이게 됩니다. 책을 읽고 독서 감상 글쓰기를 하는 이유는 아이 스스로 책을 읽는 목적을 생각하게 하고, 책을 통해 무엇을 얻을 것인지 활용하고자 함에 있습니다. 같은 글쓰기를 하더라도 학교 숙제로 수동적으로만 하는 것과 아이 스스로 목적을 가지고 하는 것은 결과가 다를 겁니다. 아이들이 어렸을 적부터 책을 통해 글감을 찾고, 글감을 활용해서 글을 쓰는 훈련을 한다면 글쓰기 능력을 서서히 갖추게 됩니다.

글쓰기의 부담을 줄여주는 한 마디 독서록 쓰기

아이들은 일주일에 한두 번 쓰는 독서 감상문을 어려워하곤 했습니다. 책을 읽고 무슨 내용을 써야 할지 모르겠다고 하거나, 책의 내용을 그대로 옮겨 적기도 하였습니다. 저도 그 마음을 압니다. 저희집 아이들도 똑같은 절차를 밟아 나가고 있기 때문입니다. 독서 교실에서 수업을 하는 아이들도 독서 감상문 쓰기를 가장 어려워합니다. 독서는 재미있지만 감상하는 글을 쓰려고 하면 일반적인 형용사만 생각이 난다고 합니다. '재미있었다, 슬프다'에서 조금 더 나아가면 '안타까웠다, 감동이다' 등의 마무리가 됩니다.

처음에는 아이들의 부담을 줄여주기 위해서 짧은 글쓰기를 하자고 했습니다. 그러다 책을 읽고 "한 마디 독서록 쓰기"를 쓰게 했더니 아이들이 한결 마음 편해했습니다. 한 마디 독서록을 쓸 때는 책의 제목과 지은이를 적고 3가지만 적게 하였습니다. 처음에 들었던 생각, 인상적인 부분, 책을 읽은 느낌의 내용입니다. 책의 제목과 표지를 보고 처음 들었던 느낌을 적고, 책에서 가장 기억나는 부분을 찾아 인상적인 부분에 적습니다.

그리고 그것에 대한 느낌을 적게 하였더니 글쓰기의 부담을 줄여줄 수 있었습니다. 한 마디 독서록이 쌓이게 되니 책의 개요를 정리하는 연습이 되었습니다.

책을 읽고 느낀 마음을 적는 독서록 쓰기
"독서록 쓰기 귀찮아요. 쓸 게 없어요. 뭐 써야 할지 모르겠어요."

초등 아이들은 독서록을 학교 과제로 일주일에 한 번 정도 쓰게 됩니다. 독서 논술 수업을 하는 아이들중 책을 좋아하는 아이들도 글 쓰는 것을 힘들어하기도 합니다.

이럴 때는 분량에 부담을 주지 않으면서 한두 줄의 글이라도 쓰게 하였습니다. 글을 쓰는 연습이 안 된 상태에서 분량만 늘리면 책의 내용을 그대로 베끼는 경우도 많았습니다. 독후 활동이란 책을 읽고, 여러 가지 형태로 표현을 하는 것입니다. 초등 학교에서 제일 많이 하는 독후 활동이 독서록입니다. 독서록을 쓸 때는 다양하게 글의 형태를 바꾸어 쓰게 하는 것이 좋습니다. 독서록은 책의 주제에 관한 내용이 들어가 있다면 양식에 얽매이지 않아도 됩니다. 책을 읽고 "나는 무슨 생각이 들었는가?"라는 내용을 독서록에 담으면 됩니다. 그러나 그렇다고 하더라도 아이에게 바로 글을 쓰라고 하면 "아무 생각이 안 나요."라고 말을 합니다. 엄마나 주위 어른이 "오늘 읽은 내용에서 주인공이 이러한 행동을 할 때 ○○는 무슨 생각이 들었어?" 질문을 던져주며 생각을 끌어내는 과정이 필요합니다.

이때 주의할 점은 책의 내용을 확인하는 식의 다그치는 질문을 해서는 안 되고, 엄마가 정말 궁금하다는 마음이 전해져야 하고, 긍정적이고 유쾌한 분위기가 형성되어야 합니다. 그래도 쓰기 어려워한다면 녹음 버튼을 눌러서 아이와 엄마의 말을 녹음해 둡니다. 그다음에 녹음한 내용을 다시 들어보면서 독서록을 정리해보면 도움이 됩니다.

"오늘 읽은 책에 나온 등장인물들의 이름이 뭐야? 성격이 어때? ○○는 누가 제일 마음에 들어?"

이때 엄마가 책을 함께 읽으면 가장 좋지만, 꼭 같이 안 읽어도 됩니다. 아이에게 마음에 드는 페이지를 선택하게 하고, 그 페이지를 펼쳐놓고 이야기를 나누시는 방법도 괜찮습니다.

독서록을 쓸 때는 3가지 내용을 고려하면 좋습니다. 첫째, 부담을 줄여줍니다. 둘째, 감정 단어를 활용합니다. 셋째, 맞춤법에 신경 쓰는 것보다 책에서 느낀 마음을 쓰도록 합니다. 독서록을 쓰라고 압박하지 않으며 아이와 함께 책을 읽으며 책 읽기의 즐거움을 느끼는 게 좋습니다. 독서록은 숙제가 아니라 즐거운 활동이 되어야 합니다.

① 등장인물에게 편지 쓰기 : 책 속 등장인물에게 편지를 씁니다. 주인공이 겪은 일에 대한 감상을 쓰거나 나의 경험과 연결하여 쓸 수 있습니다.

② 친구에게 책 소개하기 : 이 책을 추천하고 싶은 친구에게 책의 내용을 소개합니다.

③ 뒷이야기 상상하기 : 책의 뒷이야기를 상상하여 새로운 사건을 만들어나갑니다. 허황된 이야기보다는 책의 주제와 연계되는 창의적인 이야기 소재가 좋습니다.

④ 책 표지 꾸미기 : 저학년의 경우에는 책 표지를 변경하는 활동을 해봅니다. 책의 주제와 이어지는 그림이나 주제를 효과적으로 표현할 수 있는 내용으로 꾸며볼 수 있습니다.

⑤ 독서 퀴즈 만들기 : 책의 내용으로 독서 퀴즈를 만들어서 친구들이나 가족들과 이야기를 해봅니다.

⑥ 인물 카드 만들기 : 등장인물의 성격과 특징을 담아 인물 카드를 만듭니다. 이름, 좋아하는 것, 싫어하는 것, 성격 등의 항목으로 표현합니다.

공감 능력을 키우는 독서 감상문 쓰기

이야기책 독서 감상문과 지식책의 독서 감상문을 쓰는 방법은 다릅니다. 독서 감상문은 책을 읽고 나서 자신이 생각하거나 느낀 점을 표현하는 글입니다.

이야기책을 읽고 나서는 책 속 인물이 한 행동을 살펴보고, 행동에 대한 자신의 느낌이나 생각을 구체적인 까닭을 들어 표현해보도록 하였습니다.

지식 책을 읽고 나서는 새로 알게 된 사실이나 기억에 남는 내용을 까닭과 함께 소개하고, 생각이나 느낌을 표현할 땐 자신의 배경 지식이나 경험과 관련지어보게 하였습니다.

공감 능력을 키워야 독서 감상문을 잘 쓸 수 있습니다. 공감 능력이 부족하게 되면 깊이 있는 독해가 어려워질 수 있습니다. 독서를 하고 나서는 책과 연계된 독후활동이나 쓰기 활동을 해보는 게 좋습니다. 처음에는 낱말 위주의 짧은 문장의 글을 써보는 게 도움이 됩니다. 이때 맞춤법을 지나치게 강조하면 안 됩니다. 독서 일기를 통해 책을 읽고 글을 쓰는 연습을 충분히 한 다음에 어느 정도 연습이 되면 독서 감상문 형태의 구성을 갖춘 글을 써보는 게 좋습니다.

3.

마음을 살피는
감정 일기
쓰기

글을 쓰기 위해서는 자신의 감정을 밖으로 꺼내야 합니다. 글쓰기에 익숙하지 않으면 감정 형용사를 사용할 때 어려움이 있습니다. 친구와 즐겁게 놀았던 날도 엄마께 혼났던 날도 감정이 잘 표현이 되지 않을 수 있습니다. 하지만 글을 자주 쓰다 보면 자신의 감정을 꺼내는 데 도움이 됩니다. 감정 일기를 연습하면 나의 감정을 섬세하게 살필 수 있는 장점도 있지만 다른 사람의 기분을 헤아릴 수 있는 연습이 됩니다.

가장 기억나는 순간을 쓰는 일기 쓰는 법
일 년 전 서우가 피아노 학원에서 이론 수업하는 게 힘들다고 일기를 쓴 적이 있습니다. 아홉 살 때 피아노, 태권도, 미술 학원에 다녔습니다. 예체능 학원이니 매일 갔습니다. 그러다 보니 놀 시간이 없고, 저녁에는 피곤하다고 엄마에게 말을 해서 그만 다니라고 답변을 해주었습니다. 그랬더니 그 답변이 꽤 섭섭했나봅니다. 엄마에게 서운한 감정, 놀고 싶은 마음을 알아주지 않고 학원을 끊으라고 해서 속상한 마음이 섞여 있었습니다. 그 섭섭했던 마음을 담아 일기를 썼더니 순간의 기록이 되었습니다. 일기를 쓰고 나서 얼굴이 환해진 상태로 저에게 일기장을 내밉니다. 굳이 안 보여줘도 되는 일기이지만 엄마인 제가 마음을 알아주기 바랐던 거지요. 일기를 같이 읽은 다음에 꼭 안아주고, 엉덩이 토닥여주고, 마음을 읽어주었습니다. 일기를 쓰면 생각이나 감정이 정리됩니다. 속상했던 마음을 글을 쓰면 위로가 되고, 기쁜 마음을 글로 쓰면 기쁨이 두 배가 됩니다. 풀리지 않았던 일에 대해서는 문제 해결 방법을 고민하기도 합니다.

일기는 하루의 일과를 반성하는 것보다는 가장 기억나는 순간에 대한 기록을 쓰도록 했습니다. 하루 중 정말 인상적이었던 순간을 기록하는 것입니다. 일기는 하루를 정리하는 수단이 아니라 꾸준히 글쓰기를 연습하는 도구로 접근해야 합니다. 아이들에게 감정을 표현하는 일기를 많이 쓰게 하였더니 일기에 힘들었던 내용, 즐거웠던 내용, 속상했던 내용 등이 가득합니다. 자기의 감정을 표현하는 게 글쓰기의 시작입니다. 일기를 쓰다 보면 어떤 감정을 언제, 어떻게 느꼈는지 거슬러 올라가게 됩니다. 그러다 보면 자신만의 논리가 생기게 되어 일기 쓰기가 주장하는 글을 쓰는 데도 도움이 됩니다.

독서 논술 수업을 하다 보면 저학년 아이들이 일기 쓰기를 힘들어하는 것을 자주 목격합니다. 누군가에게 속마음을 보여줘야 한다는 부담감도 있고, 고된 쓰기 과정 이후 엄마나 선생님의 검사도 뒤따르기 때문입니다. 아이들이 처음 일기를 쓰게 되면 대부분은 "오늘 ○○가 △△을 했다."라는 형태로 쓰게 됩니다. 그러면 엄마나 선생님이 잔소리를 합니다. 아이를 다그치다 보면 점점 더 일기 쓰기가 싫어지게 되면서 왜 일기를 써야 하는지 이유를 모르게 됩니다. 일기는 학교에서 숙제로 제출해야 하는 것이기 때문에 하는 게 아니라 즉, 누군가에게 보여주기 위해 쓰는 것이 아닌 "나의 경험"을 쓰는 것입니다. 따라서 일기 쓰기를 할 때 엄마가 빨간펜으로 틀린 글자를 고쳐주거나 "이렇게 해라, 저렇게 해라" 등을 자주 이야기하는 것은 좋은 방법은 아닙니다.

일기 쓰기 전에 글감을 찾을 때 대화를 나누려고 노력했습니다. 본격적으로 일기 쓰기를 할 때는 좀 더 자유롭게 쓰는 시간을 주는 게 좋습니다. 당연히 강압적으로 하는 건 안 좋습니다. 예를 들어 "일기 다 쓸 때까지 블록은 못 해."라든지, "일기 안 쓰면 혼나." 등의 말은 아이에게 부담을 안겨주는 것입니다. 독서 논술 수업에서 저학년 일기 쓰기의 글감을 찾을 때는 살짝 도움을 주기도 하였습니다. 예를 들어 일주일에 한 편 일기 쓰기 숙제가 있을 때 아이가 "일기 뭐 써요?"라고 물으면, 보통은 "○○가 일주일 동안 제일 기억나는 게 뭐야? 그거 써."라고 이야기하고 끝내는 경우가 많이 있습니다. 저는 여기에서 대화를 중단하지 않고, 아이가 꺼낸 이야기 대화를 좀 더 진행하였습니다. 그다음엔 아이가 이야기한 핵심어 위주로 종이에 적고, 핵심어 메모를 보면서 아이가 일기를 써보게 하였습니다. 이때 주의할 점은 하루의 일과를 죽 나열하게 하지 않도록 했습니다. 일기는 하루의 일과 가운데 제일 쓰고 싶은 것 한 가지를 고르는 것입니다.

"오늘 하루 어땠어? 오늘 느꼈던 일을 일기로 써볼까?"라는 말을 듣게 되면 아이는 막막함을 느끼게 됩니다. 아이가 어렸을 때 책을 읽어주었던 시기를 떠올려보면, 엄마가 책을 읽어주는 시간이 참 따스했을 것입니다. 하지만 이제는 모든 걸 아이 혼자서 해야 합니다. 엄마가 조금만 도움을 주면 아이는 어렸을 때처럼 함께 하는 마음을 느낄 겁니다. 일기에 써야 하는 내용을 알려주라는 말이 아닙니다. 엄마가 아이를 따뜻한 시선으로 바라봐주고, 믿어주면서 대화를 나누는 것입니다. 매일 반복되는 일상을 소중하게 생각하는 습관은 작은 일에도 행복하고 감사하게 되는 습관으로 이어집니다.

"책 읽는 것도 힘든데 글도 써야 해? 숙제가 너무 많아."라는 반응이 나오지 않기 위해서는 글쓰기 숙제가 아니라 아이 스스로 가치를 이해하기 시작하는 출발이 되어야 합니다. 모든 것이 숙제가 되면 아이는 책 읽기도, 글쓰기도 점점 멀리하게 됩니다. 자신의 마음을 표현하는 시간인데 맞춤법 공부 또는 숙제를 하는 시간이 되면 안 됩니다. 아이를 믿어주고, 따뜻한 대화를 나누는 것이 글쓰기를 도와주는 첫걸음입니다. 아이들도 하루를 지내다 보면 힘들고 속상한 날이 있습니다. 그 감정을 글로 쓰도록 도와주면 좋습니다. 감정 일기를 쓰다 보면 자연스럽게 감정을 조절하는 연습이 됩니다. 감정 형용사를 활용하는 방법을 소개합니다.

긍정적인 감정 형용사

가벼운	가슴 벅찬	감동받은	감미로운	감사한	개운한	고마운
고요한	그리운	기대되는	기대에 부푼	기분이 들뜬	기쁜	기운이 나는
긴장이 풀리는	끌리는	낙천적인	누그러지는	느긋한	달콤한	담담한
당당한	두근거리는	든든한	들뜬	따뜻한	만족스런	매혹된
명랑한	뭉클한	반가운	벅찬	보고 싶은	뿌듯한	사랑하는
산뜻한	살가운	살아있는	상쾌한	상큼한	생기가 도는	설레는
시원한	신나는	신바람 나는	싱그러운	아늑한	안심이 되는	여유로운
용기 있는	우쭐한	유쾌한	자랑스러운	자신감 있는	잠잠해진	재미있는
정겨운	정을 느끼는	좋아하는	즐거운	진정되는	짜릿한	차분한
촉촉한	충만한	친근한	친밀한	쾌적한	쾌활한	태평한
통쾌한	편안한	평온한	평화로운	포근한	푸근한	풍요로운
흐뭇한	흥겨운	흥미로운	흥분된	희망에 찬	희망적인	힘이 솟는

부정적인 감정 형용사

가슴아픈	간담이 서늘한	갑갑한	거북한	걱정되는	겁나는	격분한
겸연쩍은	경멸하는	고달픈	고독한	곤혹스러운	공허한	괘씸한
괴로운	구슬픈	그리운	근심하는	긴장한	김빠진	까마득한
꺼림칙한	낙담한	난처한	냉담한	냉랭한	냉정한	답답한
두려운	뒤숭숭한	떨리는	먹먹한	멋쩍은	목이 메는	무서운
분개한	분한	불쌍한	불안한	불쾌한	불편한	불행한
비참한	뼈아픈	삭막한	서글픈	서러운	서먹한	서운한
섬뜩한	섭섭한	소름끼치는	숨 막히는	슬픈	신경 쓰이는	실망스러운
실증난	심란한	심술 나는	쑥스러운	쓰라린	쓸쓸한	안달하는
안절부절 못하는	안타까운	암담한	애끓는	애석한	애절한	애처로운
야속한	어색한	언짢은	염려되는	오싹한	우울한	울고 싶은
울적한	원망스러운	자포자기한	적막한	절망스러운	조마조마한	조바심 나는
주눅 든	주저하는	증오하는	진땀나는	찝찝한	착잡한	참담한
처량한	처연한	처참한	초조한	충격적인	측은한	침통한
탄식하는	통탄한	표독스러운	한스러운	허무한	허전한	허탈한

기타 형용사

강직한	검소한	결의가 굳은	겸손한	고마워하는	귀여운	귀찮은
근면한	기운 찬	기대되는	기대에 부푼	기분이 들뜬	기쁜	기운이 나는
넉살 좋은	뉘우치는	낙천적인	누그러지는	느긋한	달콤한	담담한
대담한	따분한	든든한	들뜬	따뜻한	만족스런	매혹된

멋진	명랑한	반가운	벅찬	보고 싶은	뿌듯한	사랑하는
밝은	배려있는	살아있는	상쾌한	상큼한	생기가 도는	설레는
빛나는	뾰로통한	신바람 나는	싱그러운	아늑한	안심이 되는	여유로운
선한	섬세한	유쾌한	자랑스러운	자신감 있는	잠잠해진	재미있는
순수한	순한	좋아하는	즐거운	진정되는	짜릿한	차분한
어이없는	유능한	친근한	친밀한	쾌적한	쾌활한	태평한

감정 형용사를 한 개 또는 두 개를 제시하고, 감정 형용사를 넣어 글을 쓰도록 하였습니다. 예를 들어 "오늘의 감정 형용사는 〈초조한〉입니다. 글을 쓸 때 감정 형용사를 넣어서 써보세요."라고 제시했습니다.

"내가 운동선수가 되어 올림픽에 나간다면 초조할 것 같다. '실수하면 어떡하지…'라는 생각이 많이 들 것 같다."라고 짧은 글짓기를 할 수 있습니다.

아이의 감정을 〈가슴 벅찬〉 형용사를 활용하여 글로 표현하면 아이는 세상을 바라보는 마음이 가슴 벅차게 됩니다. 즉, 형용사를 활용하여 감정을 표현한다는 것은 아이가 세상을 살아가는 태도를 반영하게 되기도 합니다. 감정을 표현하게 되면 모든 일에 이유가 있다는 분석 능력도 생기게 됩니다. 고학년이나 청소년이 되면 모든 일에 무관심하거나 무기력하게 되는 일이 있습니다. 자신의 감정을 표현하는 연습을 하게 되면 일이 일어난 원인을 생각하고 분석적으로 바라보게 됩니다.

4.

체계적인
문장을 익히는
필사 쓰기

    필사는 글을 베껴 쓰는 일입니다. 눈으로만 보는 것보다 글로 베껴 적다 보면 깊이 생각하는 데 도움이 됩니다. 저희 집 아이들은 1~2학년 시기에 『사자소학』과 『명심보감』 필사를 시도하였습니다. 아이들이 조금 자란 후에는 엄마가 정해주는 것보다는 스스로 생각했을 때 근사한 표현이나 생각의 전환을 해주는 문장들을 찾는 연습을 하는 게 좋습니다.

    필사를 하면 좋은 점이 많습니다. 첫째, 예쁜 글씨를 연습할 수 있습니다. 글자 하나하나를 베껴 쓰면서 천천히 쓰는 연습을 하게 됩니다. 둘째, 매끄러운 문장을 배울 수 있습니다. 눈으로 읽을 때는 무심코 넘기는 문장인데 필사를 할 때는 문장의 구조를 익히게 됩니다. 컴퓨터나 디지털 활용이 늘어나면서 짧은 문장에 익숙하게 됩니다. 필사하는 동안 체계적으로 문장을 익히게 되며, 긴 문장에 익숙해집니다. 셋째, 스마트폰이나 게임의 중독에서 자신을 조절할 수 있게 됩니다.

필사의 장점과 효과

필사는 자신에게 집중하게 되는 장점이 있습니다. 책의 내용을 깊이 이해할 수 있습니다. 눈으로만 보는 것이 아니라 손으로 쓰면서 생각하기 때문입니다. 그렇기에 생각하는 힘도 길러집니다. 또한, 집중력을 기를 수 있습니다. 10분 동안 집중하기도 힘들다는 아이들이 많습니다. 하루 10분 필사하기를 통해 손만 움직이는 시간 동안 집중할 수 있습니다. 또, 어휘력이 좋아집니다. 맞춤법이나 띄어쓰기를 자연스럽게 익히기도 하고, 평소에 쓰지 않았던 어휘를 접하는 기회가 됩니다. 새롭게 알게 되는 어휘를 문맥을 통해서 뜻을 이해하게 됩니다.

필사의 효과는 3가지가 있습니다. 첫째, 손을 움직이는 행위인 필사를 하게 되면 뇌세포를 깨우는 데도 도움이 됩니다. 영상을 시청할 때는 수동적으로 보게 되지만, 필사할 때는 손이 움직이면서 뇌를 자극하게 됩니다. 둘째, 의도적으로 책을 필사할 수도 있지만, 책을 읽다가 마음에 드는 문장을 필사하는 때도 있습니다. 마음에 드는 곳에 표시하고, 한꺼번에 필사합니다. 이렇게 하면 독서 내용을 정리하는 것이기 때문에 독서의 효과도 커집니다. 셋째, 살다 보면 힘든 일이 많이 있는데, 필사하게 되면 그 순간 몰입하게 되어 마음을 편안하게 해줍니다. 친구와 싸우거나 엄마, 아빠께 혼났을 때, 뭔가 힘든 일이 생길 때 필사하는 습관을 갖는다면 명상을 하는 것과 같은 효과가 있습니다.

필사 방법

필사하는 방법으로는 별도의 필사 노트를 마련하고, 책을 선정하는 방법이 있고, 책을 읽는 도중에 필사하는 방법도 있습니다. 『필사의 힘 : 생텍쥐페리처럼 어린 왕자 따라 쓰기』, 『필사의 힘 : 윤동주처럼 하늘과 바람과 별과 시 따라 쓰기』라는 책을 선정해도 되고, 『어린이 사자소학』이나 『어린이 명심보감』 같은 내용을 따라 써도 좋습니다. 이때 꼭 책 전체를 따라 쓰는 방식은 하지 않아야 합니다. 두꺼운 책으로 했을 때 책 전체를 다 하지 못하면 성취감이 낮아질 수 있으므로 처음부터 전체를 필사하지 않겠다고 이야기해두면 좋습니다.

읽는 도중 필사를 할 때 꼭 책이 아니어도 됩니다. 신문 기사 등에서 관심 있는 기사, 잘 알아야 하는 기사가 있으면 정해서 필사를 해도 됩니다. 매일 책을 읽는 도중에 필사하고 싶은 문장이 나왔을 때 따라 적습니다. "나만의 문장"이라는 타이틀을 붙인 다음에 문장을 수집하는 방식입니다. 매일매일 책을 읽고, 그중에서 좋았던 문장을 필사하는 것입니다. 물론 필사한 문장에 대한 "나만의 생각"을 덧붙이면 더 좋지만, 생각을 쓰는 게 부담스럽다면 생략해도 좋습니다.

필사에서 쓰기까지

아이와 함께 필사할 때는 책 한 권을 정하고, 아이와 엄마가 노트 한 권에 같이 하는 방법도 있습니다. 이때도 책 전체를 필사하기보다는 책을 읽다가 마음에 드는 문장이 나왔을 때 필사를 합니다. 필사하고 이 문장에 대한 느낌을 덧붙이면, 그 내용에 대한 답변과 피드백을 엄마와 주고받을 수 있습니다.

필사하게 되면 문장을 다시 한번 들여다보는 것이기에 문장을 잘 기억하게 됩니다. 눈으로만 읽었을 때 날아가는 책의 내용이 기억에 저장이됩니다. 여기에 내가 느낀 점과 깨달은 점을 추가해서 적게 되면 사고가더 확장될 수 있습니다.

마지막으로 메모를 활용한 쓰기도 있습니다. 메모를 하는 것도 필사라고 할 수 있습니다. 주변에서 관찰한 것, 순간 지나가는 생각들을 메모하는 습관이 있으면 기록으로서의 가치가 큽니다.

나눌 때에는 내가 많이 가지려 하지 말고 있고 없음이 서로 통해야 한다. '남의 떡이 더 커 보인다'라는 속담이 있어요. 남이 가진 것이 자기가 가진 것보다 더 좋아 보일 때 쓰는 말이에요. 형제간에 서로 좋은 것을 가지기 위해, 많이 갖기 위해 싸우지 마세요. 욕심을 부리다가는 가지고 있는 것까지 잃을 수 있어요. 또 좋았던 형제 사이가 멀어질 수 있지요. (다음쪽)→

'형만 한 아우 없다.'라는 속담이 있어요. 형이 동생보다 모든 일에 있어서 더 나을 때 쓰는 말이에요. '형 보니 아우'라는 속담도 있어요. 형을 보면 그 동생도 어떤 사람인지 미루어 짐작할 수 있다는 말이에요. 동생도 자신도 모르는 사이에 형이 하는 행동을 보고 그대로 따라 해요. 그러니 동생이 있다면 항상 행동을 조심하고, 모범이 되는 행동을 해야 한답니다

5.

깊은 문해력을 위한
교과서 활용
글쓰기

    가정에서 교과서를 활용한다는 것은 예습과 복습의 의미만 있는 것은 아닙니다. 아이가 학교에서 배운 내용을 다시 보고, 미리 살펴보는 것만으로도 충분히 도움이 되지만, 교과서를 활용한 쓰기는 그것보다 훨씬 큰 의미가 있습니다. 바로 깊은 문해력을 기를 수 있는 점입니다. 교과서에서 배워 한 번 익히고 넘어가는 어휘를 활용하여 글쓰기를 하게 되면 자신만의 어휘로 제대로 저장을 하게 됩니다. 쓰기 활동 연습은 그야말로 문해력을 높이는 가장 좋은 연습입니다. 교과서를 활용한다고 해서 교과서만 보는 것은 아닙니다. 교과서를 기본으로 하지만 교과서에서 벗어나는 문제에 대해 생각을 해야 합니다. 저는 아이들과 교과서를 읽으면서 연계도서가 있으면 책을 빌려서 읽었고, 쓰기 활동이 있으면 이 가운데 몇 가지는 활용해보고자 했습니다. 교과서 전체 활동을 다시 하지는 못하더라도 아이들이 어떤 쓰기 활동이 있는지 파악을 하시고, 한두 가지 활동이라도 실행해보시면 좋을 것 같은 생각에서 2015 교육 과정의 교과서를 기반으로 한 활동을 소개해드립니다.

(1) 1학년 1학기 국어

◎ 그림일기를 써 봅시다.

1	날짜와 요일을 쓴다
2	날씨를 쓴다
3	기억에 남는 장면을 그림으로 그린다
4	기억에 남는 일을 쓴다
5	그림일기를 쓸 때 있었던 일을 모두 써야 할까요? (O, X)
6	있었던 일에 대한 생각이나 느낌을 쓴다

(2) 1학년 2학기 국어

◎ 언제, 어디에서, 누구와, 무슨 일을 겪었는지 글을 써 봅시다.

1	언제, 어디에서 ( )을/를 했다.
2	누가 ( )을/를 했다.
3	누가 ( ) 말을 했다.
4	( ) 어떤 생각이나 느낌이 들었다.
5	겪은 일 가운데에서 제목을 써 봅시다.

(3) 2학년 1학기 국어

◎ 친구와 함께 한 경험을 편지로 써 봅시다.

1	친구와 함께 ( )을/를 했다.
2	친구에게 ( )를 말하고 싶다.
3	친구에게 ( )의 마음이 들었다.
4	친구와 ( )를 하고 싶다.

(4) 2학년 2학기 국어

◎ 자신의 짝을 소개하는 글을 써 봅시다.

1	친구는 이름이 ( )이고, 성별은 ( )이다.
2	친구의 모습은 ( ) 이다.
3	친구가 좋아하는 것은 ( ) 이다.
4	친구가 잘하는 것은 ( ) 이다.
5	더 소개하고 싶은 내용은 ( ) 이다.

(5) 3학년 1학기 국어

◎ 중심 문장과 뒷받침 문장을 넣어 한 문단으로 글을 써 봅시다.

1	내가 쓰고 싶은 내용은 ( ) 이다.
2	쓰고 싶은 내용을 더 자세히 알아보면 ( ) 이다.
3	중심 문장은 ( ) 이다.
4	뒷받침 문장은 ( ) 이다.

(6) 3학년 2학기 국어

◎ 다른 사람에게 마음을 전하는 글을 써 봅시다.

1	내 마음을 전하고 싶은 사람은 ( ) 이다.
2	있었던 일은 ( ) 이다.
3	내가 한 말과 행동은 ( ) 이다.
4	전하고 싶은 마음은 ( ) 이다.
5	상대가 한 말과 행동은 ( ) 이다.
6	상대에게 하고 싶은 말은 ( ) 이다.
7	앞으로의 각오나 다짐은 ( ) 이다.

(7) 4학년 1학기 국어

◎ 글을 읽고 내용을 간추려 봅시다.

1	문제점은 ( ) 이다.
2	첫 번째 해결방안은 ( ) 이다.
3	첫 번째 실천방법은 ( ) 이다.
4	두 번째 해결방안은 ( ) 이다.
5	두 번째 실천방법은 ( ) 이다.

(8) 4학년 2학기 국어

◎ 마음을 전하는 글을 써 봅시다.

1	마음을 전할 사람은 ( ) 이다.
2	전하려는 마음은 ( ) 이다.
3	있었던 일은 ( ) 이다.

4	마음을 나타내기 위해 (	)를 표현하고 싶다.

(9) 5학년 1학기 국어

◎ 경험을 이야기로 표현해 봅시다.

1	이야기로 쓰고 싶은 경험은 (	)이다.
2	일이 일어났던 때는 (	)이다.
3	일이 일어났던 장소는 (	)이다.
4	등장 인물은 (	)이다.
5	이야기 속 (	)일이 일어났다.
6	등장인물의 갈등은 (	)이다.
7	이야기 속 사건은 (	)로 해결하였다.
8	그 일에 대한 마무리는 (	) 이다.

(10) 5학년 2학기 국어

◎ 겪은 일이 드러나게 시작하는 글을 써 봅시다.

1	날씨는 (	)이다.
2	대화 글 (	)로 시작한다.
3	인물은 (	) 특징이 있다.
4	속담이나 격언 (	)로 시작한다.
5	의성어나 의태어 (	)로 시작한다.
6	상황 설명 (	)로 시작한다.

(11) 6학년 1학기 국어

◎ 마음을 나누는 글을 써 봅시다.

1	마음을 나누는 글을 쓰는 상황은 ( )이다.
2	마음을 나누는 글을 쓰는 목적은 ( )이다.
3	읽을 사람은 ( )이다.
4	일어난 사건은 ( )이다.
5	일어난 사건에 대한 생각이나 행동은 ( )이다.
6	나눌 마음은 ( )이다.

(12) 6학년 2학기 국어

◎ 관심 있는 내용으로 뉴스 원고를 써 봅시다.

1	취재할 사건이나 정보는 ( )이다.
2	사전에 조사할 방법은 ( )이다.
3	취재할 사람은 ( )이다.
4	기타 계획은 ( )이다.

6.

문해력을
높이는 쓰기 도구
5가지

신문을 활용한 쓰기

신문 읽기가 도움이 된다고 하지만 신문은 펼쳐보지도 못한 채 삼겹살 기름 튐 방지용으로 쓰이다가 재활용 쓰레기로 처리가 될 때가 많습니다. 신문 활용 교육은 NIE(Newspaper In Education)로 새로운 것을 창조하는 데 도움이 됩니다. 일간지나 어린이 신문에서 기사나 사진을 골라서 요약하거나 내용을 직접 만들어보는 활동을 할 수 있습니다. 기사나 사진에 대해 상상하여 새로운 글을 쓸 수 있습니다.

신문 활용을 하면 새로운 어휘를 배우는 데 도움이 되고, 요약하는 연습을 할 수 있습니다. 요약을 할 때는 밑줄 그은 내용을 그대로 베끼는 것이 아닙니다. 처음 부분에서 한 줄 밑줄 그었고, 가운데 부분에서 밑줄을 그었는데, 요약을 하라고 했더니 그 내용을 똑같이 쓴 아이가 있었습니다. 중복된 내용이 있다면 생략을 하고, 주제를 잘 표현할 수 있는 문장이 있으면 변경해서 써야 제대로 된 요약이 됩니다. 반복되는 내용을 삭제하고, 주제를 찾아보게 했습니다. 요약을 잘하기 위해서는 글의 주제를 찾아내고 자신만의 문장으로 표현을 해야 합니다. 즉, 신문 활용은 요약하기를 연습할 수 있는 가장 좋은 도구가 됩니다. 요약을 하면 글의 구조를 파악하는 연습도 됩니다.

신문 기사의 주제를 한 문장으로 정리한 다음에 주제에 대한 글감으로 글쓰기를 할 수 있습니다. 예를 들어 "소비자 물가가 5%대로 오르면 우리 집의 가정 경제는 어떻게 변화할까?"라는 주제로 글을 쓸 수 있습니다. 두 개의 신문 기사를 이어서 글을 쓸 수도 있습니다. 전혀 관련이 없는 두 개의 신문 기사를 연결하여 이야기를 만들어보는 활동을 할 수 있습니다.

신문 기사를 읽는 방법

① 신문의 기사는 소리 내어 읽게 합니다.

② 읽으면서 뜻을 모르는 어휘는 동그라미를 하거나 형광펜으로 칠을 합니다. 모르는 어휘는 사전을 찾거나 어른의 도움을 받아서 어휘의 뜻

을 파악하여 자세히 알아봅니다.

③ 나만의 노트를 만들어서 모르는 어휘를 정리해두거나 어휘로 짧은 글짓기를 합니다.

④ 문단별로 중심 내용이 있습니다. 각 문단에서 중심 내용을 찾아서 밑줄 긋기를 합니다.

⑤ 문단별 중심 내용을 연결하여 기사 전체의 주제문을 한 문장으로 정리합니다.

⑥ 주제에 대한 나의 생각을 글로 적습니다.

신문에는 기사 외에도 사진이나 자료가 실려 있습니다. 사진 중에서도 인물 사진을 보면, 인물의 마음을 느껴보거나 공감해보는 활동을 할 수 있습니다. 사진에 실려 있는 인물들의 표정을 보면서 공감 능력을 기를 수 있습니다.

사자성어, 한자 어휘, 속담/관용구 활용하기

한자 모양 그대로를 외우는 것보다 한자어나 한자 표현을 공부하는 것이 필요합니다. 초등 교과 과정에 한자 과목이 없으므로 한자를 정확하게 쓰는 교육보다는 우리말을 효과적으로 익히기 위한 방법으로 한자를 익히는 게 좋습니다. 국어에는 한자어가 많이 쓰이고 있으며, 3학년부터 배우는 사회, 과학 과목에도 한자어가 대부분입니다. 사회 시간의 '증가', '감소'라는 어휘와 과학 시간의 '물질', '기체', '액체', '고체'의 어휘는 한자어 뜻만 정확하게 알고 있어도 개념을 외울 필요가 없어집니다. 한자어를 이해하게 되면 문장을 이해하는 데 도움을 주고, 문해력과도 관련이 있습니다. 또한, 사자성어에는 삶의 지혜가 담겨 있기 때문에 생각을 넓힐 수 있습니다. 사자성어는 실제 생활에서도 많이 쓰이고, 중·고교 교과서에도 많이 활용되고 있습니다.

狐假虎威(호가호위) 사자성어는 "힘은 없으나 약삭빠른 여우가 남의 세력을 빌어 위세를 부리다."라는 뜻입니다. 이야기와 함께 설명해주면 아이들도 잘 이해를 하였습니다. 사자성어와 연계된 퀴즈를 내어 주기도 하였습니다. 兎死狗烹(토사구팽)은 "토끼를 잡으면 사냥개도 삶아 먹는다."라는 뜻으로 자신이 필요할 때에는 실컷 부려먹다가 일이 끝나면 돌보지 않고 헌신짝처럼 버린다는 의미입니다. 사자성어는 어렵기 때문에 퀴즈를 자주 활용하기도 했습니다.

속담/관용구는 원고지로 필사하기를 연습하게 했습니다. "가재는 게 편이다"는 모양이나 형편이 서로 비슷한 것끼리 서로 잘 어울리고, 감싸주기 쉬움을 이르는 말입니다. 속담과 뜻을 원고지에 따라 쓰면서 뜻을 이해하기 좋았습니다. 이렇게 배운 사자성어, 한자 어휘, 속담/관용구는 일기를 쓰거나 독서록을 쓸 때 활용하였습니다. 아이들은 "꿩 먹고 알 먹기" 등의 속담을 활용하여 친구들과 놀 때의 경험을 일기로 작성했습니다.

어휘를 활용한 글쓰기

우선 지문 속의 글을 읽고, 강조된 어휘나 모르는 어휘의 뜻을 추측해 보았습니다. 한 개의 지문에서 어휘를 두세 개 찾은 뒤에는 어휘의 뜻을 추측해보거나 국어사전이나 나무위키를 통해 찾아보았습니다. 고학년은 국어사전보다 나무위키가 흥미를 자극할 수 있습니다. 물론 신빙성이 부족해 보이는 해석이 있을 수도 있지만, 아이들이 어휘를 늘리기 위해서는 흥미를 갖고 스스로 찾아보는 자세가 필요합니다. 뜻을 익힌 다음에는 어휘를 이용한 글쓰기를 하였습니다. 문해력은 어휘를 자신의 것으로 만들어야 활용이 됩니다. 어휘를 배우고 익혀서 자연스럽게 활용을 해야 합니다. 어휘력 연습은 3가지 좋은 점이 있습니다. 첫째, 아이들의 집중력이 향상됩니다. 둘째, 반복적으로 하면서 어렵지 않다는 태도를 갖게 합니다. 셋째, 해볼 수 있다는 자신감을 갖게 합니다. 어휘 공부를 문제집으로 해도 되지만, 엄마와 함께 일상적으로 어휘를 익히게 되면 엄마와 깔깔거리며 배운 어휘에 대한 기억은 오래 갈 것 같습니다. 어휘 카드를 활용하기도 하고요. 아이들에게 이야기해 보았습니다. "○○야, 우리 오늘 말놀이 해보자!"라고요.

① 어휘 기차

어휘는 문해력의 기본입니다. 책이나 지문 속에서 어휘를 몇 개 골라서 나열을 합니다. 어휘가 연결되도록 이야기를 만들어봅니다. 예를 들어

『지각대장 존』의 책에서 '악어, 하수구, 덥석, 허겁지겁, 덤불, 산더미, 고릴라'라는 어휘 7개를 선택을 한 뒤 어휘를 연결해서 새로운 이야기를 만들어볼 수 있습니다. '악어가 하수구 냄새를 피하기 위해 과일을 덥석 물었다. 과일에서 벌레가 나와 허겁지겁 도망가다가 덤불에 갇혔다. 산더미 같은 고릴라 무리가 다가왔다.' 형태로 이야기를 만들어나갈 수 있습니다.

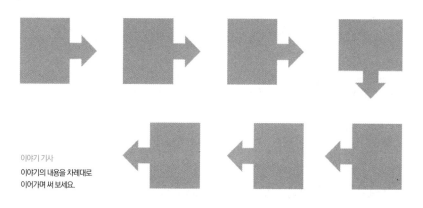

이야기 기사
이야기의 내용을 차례대로
이어가며 써 보세요.

〈어휘 기차〉

② 원인과 결과 파악하기

글이나 책에서 원인과 결과를 파악하여 문장을 만들 수 있습니다. 예를 들어 『우리집에 배추흰나비가 살아요』의 책에서 '천적'이라는 어휘를 활용하여 '애벌레는 천적으로부터 보호하기 위해 사는 곳과 비슷한 색을 띠어 몸을 숨긴다.'라는 문장으로 써볼 수 있습니다.

③ 어휘 빙고하기

책을 읽고 책에서 나온 주요 어휘를 한 칸에 하나씩 씁니다. 아이들과 돌아가며 빙고 놀이를 합니다. 칸에 있는 어휘를 이어서 문장 짓기를 해 볼 수 있습니다. 권정생 선생님의 『강아지똥』을 읽고 책에서 나온 어휘를 빈 칸에 넣습니다.

골목길	담	구석	똥
참새	소달구지	바퀴	산비탈
흙덩이	병아리	봄비	민들레
햇볕	거름	별	꽃

④ 어휘 열 고개

책에서 나온 어휘를 정합니다. 축구공이라는 어휘를 떠올리면서 한 사람이 문제를 내고, 나머지 아이들은 정답을 맞힙니다. 스무 번으로 정할 수도 있고, 유아나 초등 저학년은 다섯 고개, 중·고학년은 열 고개가 적당합니다. 열 번 안에 정답을 맞혀야 합니다.

(예) 1. 살아있는 건가요? (아니오) 2. 전기로 움직이나요? (아니오) 3. 아이들이 가지고 놀 수 있나요? (예) 4. 집 안에서 하는 건가요? (아니오) 5. 운동장에서 하나요? (예) 6. 색깔이 화려한가요? (아니오) 7. 이동할

수 있나요? (예) 8. 크기가 몸보다 큰가요? (아니오) 9. 줄이 있나요? (아니오) 10. 통통 튀나요?

⑤ 비슷한 말, 반대말 찾기

어휘를 찾은 다음에 비슷한 말과 반대말까지 확장할 수 있습니다. 국어사전을 활용하면 좋겠습니다. 찬성과 동의, 밤과 야간은 비슷한 말이고요. 찬성의 반대말과 밤의 반대말도 찾아볼 수 있습니다.

관찰하여 쓰기

글을 쓰는 것은 마음먹고 쓰는 것일 수도 있지만, 자연스럽게 상상하는 일이기도 합니다. 시를 쓰는 시인이나 에세이를 쓰는 작가들은 주변을 관찰하고 기록하며 상상합니다. 아이들도 글을 쓸 때 연습을 하는 방법으로 주변을 관찰하면서 글을 써볼 수 있습니다.

① 관찰하기

주변에 있는 사물을 관찰하고 자세히 살펴봅니다. 평상시 등하굣길에 무심코 보아왔던 것, 매일 만나는 사람이라도 매일 다릅니다. 가까이에 있는 사물이나 사람을 관찰해서 눈에 띄는 특징을 찾아봅니다. 눈에 띈다는 것은 특별한 것이 아닙니다. 오늘 관찰을 했는데 눈에 담긴 것을 좀 더 자세하게 쳐다보면 됩니다.

② 이름을 바꿔보기

사물을 관찰하였으면 그 사물의 이름을 바꿔봅니다. 매미는 그냥 매미이기도 하지만 아이에 따라 매미의 특징을 살려 이름을 지어볼 수 있습니다. 여름의 음악가일 수도 있고, 짧은 인생을 힘차게 살아가는 소리꾼일 수도 있습니다.

③ 문장을 만들어보기

관찰한 대상의 이름을 지었으면, 이름을 활용하여 문장을 지어봅니다. 관찰한 대상의 주변 환경도 충분히 살펴서 문장으로 연결 지으면 좋습니다.

(5) 표와 그래프 읽기

문해력은 국어 과목에서만 필요한 것이 아닙니다. 수학이나 과학 등에서도 문해력이 필요합니다. 문서의 정보를 해석해야 하기 때문입니다. 시각 자료에는 기호, 표, 그래프 등이 있습니다. 이러한 자료를 활용하면 효율적으로 의사 표현을 하게 됩니다. 또 다양한 형태의 자료를 이해하고 읽을 수 있을 때 문해력이 높다고 할 수 있습니다.

7.

두려움 없이
읽기에서 쓰기로
건너가는 법

"쓸 말이 없다고요! 학교 끝나고 운동장에서 놀다가 학원 다녀오고 저녁 먹었어요."

아이들은 항상 일기에 쓸 말이 없다고 하였습니다. 그래서 집에서 감정 표현 일기를 쓰게 하였습니다. 길게 쓰지 않아도 되니 부담이 없었고, 감정을 편하게 표현하면 되니 스트레스 해소용으로도 좋았습니다. 두 줄 감정 표현 일기를 쓰게 하니 자신의 감정을 표현하면서 정서적으로 도움이 되는 것이 느껴졌습니다. 일기 쓸 거리를 찾아서 써야 할 때는 어려웠지만 감정을 쓰는 것은 재미있는가 봅니다.

"독서 감상문 어떻게 시작해야 할지 모르겠어요."

글을 쓸 때 필요한 것은 자신감이었습니다. 거침없이 써내려간 경험이 필요했습니다. 한 편의 글을 단숨에 쓴 경험은 글쓰기에 기폭제가 됩니다. 엄마나 선생님의 빨간펜을 의식하지 않고, 손목이 아플 정도로 써 본 경험을 한 아이는 '할 수 있다.'라는 생각을 하게 됩니다. 저는 아이들에게 칭찬을 많이 했습니다. 글 쓰는 방법을 익히는 것보다 한 편의 글을 쓸 수 있다는 자신감이 글을 쓸 수 있게 하였습니다.

"글을 잘 쓰는 아이로 키우려면 어떻게 해야 하나요?"
"글쓰기를 두려워하지 않고 한 편의 글을 완성하도록 도와주세요."

글쓰기가 어렵다는 생각을 버릴 수 있도록 글쓰기와 관련된 긍정적인 경험을 많이 만들었습니다. 처음부터 맞춤법과 정확한 표기에 신경을 쓰다 보면 상상력을 발휘할 수가 없습니다. 정확한 쓰기는 나중에 개선하고 우선 분량을 키워야 합니다. 아이들이 좋아하는 주제, 쓰고 싶은 주제에 관해 이야기하고 아이들이 스스로 '내 글을 누가 읽으면 좋겠다.'라는 마음이 들게 하였습니다.

처음에 글을 시작하는 방법

"처음에 무엇을 써야 할지 모르겠어요."

아이들 글쓰기를 지도하다 보면 처음 시작을 어떻게 해야 할지 모르겠다고 이야기를 합니다. 처음 글쓰기를 시작할 때는 10분 동안 쉬지 않고 쓰도록 하였습니다. 짧은 시간 안에 어떤 글이든지 적어서 한 편의 글을 완성하는 경험이 중요합니다. 처음부터 잘 쓸 수는 없습니다. 자주 쓰고 고치면서 글과 친해져야 합니다. 처음 글쓰기가 어려울 때는 주위에서 시작할 만한 내용을 찾아보게 하였습니다. 그렇게 하려면 첫째, 대화로 시작하는 방법이 있습니다. "어머, 무슨 일이니?" "아니 무슨 말을 그렇게 하는 거야?" 대화체로 시작을 하면서 대화의 내용을 설명하는 것입니다. 둘째, 중심 생각으로 시작을 합니다. 예를 들어 "키 커서 농구를 잘하면 좋겠다. 키 크고 싶어서 매일 줄넘기를 하고 농구를 한다." 말하고자 하는 중심 생각으로 시작을 하면 좋습니다. 셋째, 때와 장소를 이야기하며 먼저 시작합니다. 예를 들어 "새벽 다섯 시였다. 모기 때문에 눈이 번쩍 뜨였다.", "학교 운동장에서 있었던 일이다." 그리고 그 상황에 관한 묘사를 하면 도움이 되었습니다.

덩어리를 만드는 문단 쓰기

문단은 덩어리입니다. 문단에서는 문장이 모여 중심 생각을 표현합니다. 문단에는 중심 문장과 뒷받침 문장이 있습니다. 아이들 글쓰기 지도를 할 때 제일 먼저 하는 것이 문단 쓰기입니다. 문단을 나눠서 쓰면 하나의 생각을 명확하게 전달할 수 있습니다. 문단은 줄을 바꿔서 쓰는 것이므로 컴퓨터로 치면 엔터를 치는 것과 같습니다. 줄을 바꿔서 새로운 문단을 쓰게 되면 새로운 생각을 쓰게 됩니다. 문단을 나눠서 글을 쓰면 생각을 정리해서 글을 쓸 수 있고, 읽는 사람도 글을 읽기 편합니다.

3학년이 되면 문단 쓰기를 배웁니다. 중심 문장과 뒷받침 문장으로 문단을 구성하는 방법을 연습하게 됩니다. 어른들은 중심 생각을 앞에 두는 두괄식, 중심 생각을 뒤에 두는 미괄식, 양쪽에 두는 양괄식 등의 구성을 자유롭게 구성할 수 있지만, 아이들은 두괄식으로 쓰는 연습부터 하면 쓰기 편해하였습니다. 신문 기사에서 중심 문장을 찾는 것이 익숙해지면 아이들 스스로 문단 쓰기가 수월해집니다. 읽기가 쓰기로 자연스럽게 연결이 되는 것입니다.

중심 내용을 간추리는 요약하기

요약하기란 글을 읽고 중심 내용을 간추리는 과정입니다. 긴 글을 읽고 자신의 경험을 살려 중심 내용 즉, 주제나 의미를 파악하는 것입니다. 요약하기를 자주 연습해야 주제를 잘 찾아낼 수 있습니다. 요약을 하며 읽게 되면 정보선별이나 재구성이 이루어집니다. 전체 텍스트를 단순하게 줄이는 게 아니라 중요한 정보를 고르고 재배열한 후에 자신의 언어로 재구성해야 합니다. 문단에서 핵심 키워드를 찾고 중심 문장을 찾아 요약하는 연습을 반복하게 되면 문해력도 키워집니다.

① 문단을 나눕니다.
② 핵심 키워드를 찾습니다.
③ 중심 문장을 찾습니다. 주제와 관련된 문장에 밑줄을 긋습니다.
④ 반복되는 내용은 삭제하고, 예도 지웁니다.

읽기를 통해 쓰기로 이어지는 방법

책 읽기는 읽기 전 활동, 읽기 중 활동, 읽기 후 활동으로 이어집니다. 책을 읽기 전 표지를 살펴봅니다. 책 표지에 등장인물이 등장하고, 등장인물의 표정이 드러날 때 어떤 이야기가 펼쳐질지 예측해보거나, 제목을 추측해볼 수 있습니다. 책을 읽는 중에는 그림과 내용을 보고 무슨 생각이 들었는지 이야기를 나눠보고, 책을 읽은 후 생각이 바뀐 점을 정리할 수 있습니다. 책을 읽은 후 느낌만 정리하는 게 아니라 현실에서 어떻게 연결이 되는지 생각해봐야 합니다. 그러기 위해서는 주제를 이해해야 합니다. 『아낌없이 주는 나무』에서 "조건 없이 베푸는 게 진정한 사랑이다." 라고 주제를 뽑아낼 수 있습니다. 주제를 생각해본 다음에는 주제와 연결해서 주제를 넓히거나 폭을 줄여서 글쓰기의 주제를 정할 수 있습니다. "나무가 주는 것이 사랑일까?", "왜 작가가 제목을 이렇게 지었을까?"에 대한 글을 써보아도 됩니다. 글을 읽을 때 요약하기를 연습하면 문단으로 나눠 글을 읽고, 중심 문장을 찾는 훈련이 됩니다. 문단별로 중심 문장을 찾는 게 익숙해지면 글을 쓸 때도 문단별로 쓰는 게 수월합니다.

아이들과 뒷이야기를 써보세요. 뒷이야기를 쓰게 되면 앞의 내용과 주제가 이어져야 합니다. 나무가 밑동에서 쉬라고 이야기하고, 소년은 그렇게 했다는 내용의 뒷이야기를 쓸 때 갑자기 생뚱맞은 소재가 나오면 안 됩니다. 뒷이야기를 쓸 때 전혀 관련 없는 배경이나 소재를 가져오면 주제와 이어지지 않을 수 있습니다. 키워드와 중심 문장을 생각하면서 자연스럽게 이어질 수 있도록 해야 합니다. 이렇게 읽기와 쓰기를 연결해서 연습하다 보면 맥락에 맞게 글을 쓰는 훈련이 됩니다.

원고지 쓰기

그림일기를 작성할 때 10칸 쓰기 공책을 원고지 형태로 연습해보기 좋습니다. 원고지 작성법은 어문규정처럼 하나로 통일된 규칙은 없습니다. 하지만 보편적으로 많이 쓰이는 방식이 있습니다. 원고지 한 칸에는 글자 한 자 쓰기를 원칙으로 합니다. 알파벳 소문자와 숫자는 두 자씩 씁니다.

오	년	5	년	36	5	일		12	34	5			
tr	ee	lo	ve		안	녕	하	세	요	?			

〈원고지 쓰기①〉

첫 칸은 들여쓰기로 띄어서 시작합니다. 문장 부호는 한 칸에 하나씩 쓰고, 마침표와 쉼표는 반 칸에 씁니다. 물음표, 느낌표를 쓴 다음에는 한 칸을 띄고 씁니다.

서	울	랜	드	에	서		달	빛		루	나		축	제	를		봤	다	.
반	짝	반	짝	한		것	은		달	일	까	?		빛	일	까	?		

〈원고지 쓰기②〉

8.

기초를
키워주는
장르별 글쓰기

글이란 생각이나 일 따위의 내용을 글자로 나타낸 기록입니다. 자유롭게 쓰는 글도 좋지만, 초등 시기 장르별 글쓰기를 할 때는 장르에 따라 맞는 글쓰기를 할 수 있도록 알려주었습니다. 가장 기본은 처음, 가운데, 끝의 구성을 갖추는 일입니다. 문장은 낱말이 모여 이루어진 것이고, 문장이 모여 문단이 되며, 문단은 중심 내용을 전달하는 단위입니다. 글은 문단이 모인 것입니다.

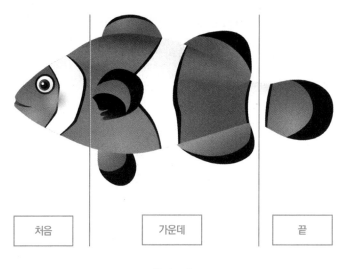

| 처음 | 가운데 | 끝 |

〈글의 구성〉

생활속 글을 생생하게 쓰는 법

생활문은 생활 속에서 일어나는 모든 일이 아닌, 가장 기억에 남는 특징적인 사건을 글감으로 하여 쓰게 하였습니다. 아이들은 학교 급식 시간에 매운 음식이 나왔는데, 옷에 흘려서 속상하다는 내용이나 친구와 운동장에서 종이비행기를 날린 이야기를 썼습니다. 매운 음식을 옷에 흘린 일 또는 종이비행기 같은 글감이 잘 드러나도록 쓰게 하였습니다. 생활문을 잘 쓰기 위해 소리나 모양을 흉내 내는 말을 넣거나 대화하는 글을 넣으면 생생하게 표현이 되었습니다. 생활문 ①에서 대화글을 넣어 실감나게 표현을 하였고, 생활문 ②에서는 한강 공원에서 배드민턴을 친

중심 사건을 찾아 표현하였습니다. 글이란 생각이나 일의 내용을 글자로 나타낸 기록을 의미합니다. 아이들의 생각이나 어떤 일의 내용에 대한 모든 것이 글감이 될 수 있습니다.

  - 처음 : 사건의 발단 과정이나 문제의 발견 내용을 씁니다.
  - 가운데 : 중심 사건의 진행 과정을 씁니다.
  - 끝: 사건의 마무리가 어떻게 되었는지를 쓰거나, 깨달은 점을 적어 마무리합니다.

〈엔트리 팔로워 50돌파!!!〉

2021년 77월 어느 날 엔트리 홈페이지에 들어가 보았다. 그랬더니……

"와. 벌써 팔로워가 50이 넘었네."

다른 사람에게는 작은 것이였지만 (나는) 내가 열심히 했다는 생각이 들어 성취감이 들었다. 그래서 나는 기운이 나서 엄마에게

"엄마, 이것좀 보세요 제가 팔로워 50이 넘었어요."

나는 엄마가 무슨 말씀을 하실지 기대했지만 별로 관심이 없으셔서 맥이 빠졌다. 그 때 팔로워가 1이 더 올라가 흐뭇 헛다——

나는 팔로워 50 기념으로 작품하나를 올렸다. 그래서 여러가지 댓글이 올라와 기력이 넘쳐났다 하지만! 갑자기 버그가 걸려 작품을 삭제하였다.

"악!!! 갑자기 작품이 삭제 되다니…… 정말 안타까운 일이구!!!"

② 하지만 나는 귀찮아 작품을 다시 만들지 않았다. ① 나는 마음을 가다듬었다.

나는 아처럼 마음을 잘 가다듬으며 지낼 것이다. 앞으로도 어려운 일이 생기면
――ㄲㅑ――

〈생활문 ①〉

Date 3/13   No.

제목: 오랜만에 한강으로!

벌써 몇 주 째 학원 말고는 나간 곳이 없는 것 같다. 그래서 지루해 하며 책상에 앉아있을 때 동생이
"우리 운동하러 한강 공원으로 가요!"

벌써 3시가 넘은 시간 이였지만 엄마 아빠는 귀찮아 하시면서도 같이 가자고 하셨다. 우리는 열심히 간식을 먹고 나갈 준비를 했다. 우연의 일치로 오랫동안 고민한 '내 핸드폰 문제'에 대해 결정하신 엄마, 아빠는 가는 길에 내 핸드폰을 사 주시기로 하셨다. 오늘은 왜인지 좋은 일만 생길 것 같은 느낌적인 느낌이 들었다.

공원에 도착하자 바람이 조금 불었지만 배드민턴을 하고 싶은 나와 동생의 마음은 불타오르고 있었다. 조금 걷다 보니 배드민턴 치게 매우 적당한 장소를 찾았다. 계속 배드민턴을 동안에 우리의 마음은 날아다니는 셔틀콕처럼 날아 다니고 있었다.

배드민턴을 마치고 나뭇가지로 모래놀이를 하려는데 갑자기 강한 바람이 불었다. 바람의 영향을 받는 배드민턴을 멈추자 마자 바람이 세게 부는 걸 보니 바람의 신이 우리의 편을 들어 줬나 보다.

집에가는 길에 엄마께
"오늘 얼마 못 놀았으니까 내일 또 와요!"
라고 말했다. 빈말 오긴는 했는데 올수 있을지는 모르겠다.

〈생활문 ②〉

226   엄마표 문해력 수업

이야기책 읽고 감상문 쓰는 법

독서 감상문을 쓸 때에는 책에서 가장 인상적이었거나 기억에 남는 내용을 떠올리고, 그 내용을 읽으면서 든 생각이나 느낌을 쓰게 하였습니다. 독서 감상문은 책을 읽고 나서 자신이 생각하거나 느낀 점을 표현하는 글입니다. 독서 감상문 ①에서는 책 속 인물이 한 행동을 살펴보고, 행동에 대한 자신의 느낌이나 생각을 구체적인 까닭을 들어 표현해 보도록 하였습니다. 독서감상문 ②에서는 기억에 남는 장면을 찾아서 느낌을 쓰고 주제를 찾아보게 하였습니다.

– 처음 : 책의 제목과 표지를 보고 난 뒤의 느낌을 씁니다.

– 가운데 : 이야기의 내용을 요약하고 가장 기억에 남는 장면에 관한 생각과 느낌을 자세하게 씁니다.

– 끝 : 책 전체에 대한 소감이나 깨달은 점을 적어 마무리합니다.

〈우리말을 모으자 성과〉

'우리말 모으기 대작전 말모이'는 일제강점기 중 1930 년대 이후인 민족말살 통치 시대의 이야기이다. 이 시대에 어린 이가 말을 모은 것이 참 놀랍고 용기있어 보였다.

한솔이는 아버지가 독립운동을 하시는 사람이다. 학교에서 황국신민 서사를 외우지 못해 친구가 혼나자 화가나던 참에 수현이 형이랑 말모이 작전을 펼쳤다. 이 때 말모이 작전의 뜻은 전국의 방언과 사투리를 모아 편지를 부치면 되는 작전이였 다.

그러던 어느날 조선어학회에서 어떤 사람이 들키게 되었고, 말모이 원고를 빼앗기면서 아버지도 잡혀갔다가 돌아가셔서 돌 아오시게 되자 한솔이는 세상이 무너지는 것 같았을 것 이다.

나도 처음에는 '말을 모아서 뭐하게?' 라고 생각 했었는데 이 글을 읽고 다시 알게 되었다. '말은 사람의 특징이오. 겨레의 보람이오, 문화의 품앗이다. 우리말을 지키는 것은 우리나라를 지 키는 것이다.'

이렇게 힘들게 모은 우리말을 지키고 희생당한 여러사람을 위 해 외래어 사용과 신조어 사용을 줄여야겠다.

〈독서감상문 ①〉

〈도착한 고양이 섬〉

~~X~~ (내가) 길고양이가 되기 이전에는 포크와 함께 집에서 풍요롭게 살았다. 그 때는 내가 특별한 고양이 인 줄 알았다. 하지만 집에서 쫓겨나고 알았다 나는 그냥 고양이 라는 걸······.

애꾸눈을 만나고 공사장에 갔을 때 쥐를 길고양이들이 먹는 걸 보고 역겨워 보였다. 그러던 어느날 나는 어떤 사람에게 잡혔다. 희망이 없고 앞으로 안좋은 일만 생길 것 같았다.

가던 중 나비를 만나고 사람들에게서 도망쳤다. 이 때 처음으로 포크와 헤어져서 슬펐다. 나비가 죽고 난뒤 아기나비와 함께 하숙구로 갔다 가면서 고양이 섬은 꼭 있어야 한다고 생각 했다.

하숙 생활을 하면서 고양이 섬에 가는 차례를 기다리면서 우리가 믿었던 대장이 인간들에게 고양이를 넘긴 사실을 알고 너무 \충격/ 받았다. 하지만 다른 고양이들에게 말하자 벨과 나쁜 쫓겨났다.

애꾸눈과 포크를 다시 만나 가던 중 나비가 고양이에게 퍼진 엽 — 바이러스에 걸렸다. 수의사에게 나비를 맡기니 너무 슬펐다. 이제 부터 인간 들과 고양이는 공존하는 세상을 만들 쪼이

〈독서감상문 ②〉

지식 책 읽고 감상문 쓰는 법

지식이 담겨 있는 책을 읽고 독서 감상문을 쓸 때, 책을 읽기 전에 이미 알고 있는 것을 새롭게 알게 된 책의 내용과 비교하여 쓰거나 앞으로 더 알고 싶은 내용을 쓰게 하였습니다. 독서 감상문 ③은 지식 책을 읽고 독서 감상문을 쓸 때는 새로 알게 된 사실이나 기억에 남는 내용을 까닭과 함께 쓴 것입니다.

– 처음 : 책의 제목과 표지를 보고 난 뒤의 느낌을 씁니다.

– 가운데 : 책의 내용을 정리하고 이에 관한 생각과 느낌을 씁니다.

– 끝 : 책을 읽고 더 알아보고 싶은 내용과 소감을 씁니다.

〈독서감상문 ③〉

자유롭게 생각 이어가는 글쓰기

상상하는 글은 아이가 자유롭게 생각을 이어가도록 해야 합니다. 이때 일이 일어난 원인을 쓰고 결과를 이어지게 쓰는 게 좋습니다. 원인은 어떤 일이 일어나게 만든 까닭에 대해 생각해봐야 하고, 결과는 그로 인해 일어난 일입니다. 원인과 결과가 잘 드러나기 위해서 상상하는 내용이 왜 발생했는지, 발생한 이후에 어떤 일이 벌어졌는지 이야기를 나누었습니다.

정보글 쓰는 6가지 방법

설명하는 글이란 어떤 사실이나 정보를 알려 주기 위해서 쓰는 글입니다. 설명하는 글을 쓸 때는 자신의 의견이나 느낌을 쓰지 않고 객관적이고 정확한 정보를 씁니다. 설명하는 글은 문단으로 나뉩니다. 문단이란 여러 문장이 모여 하나의 생각을 나타내는 글 덩어리입니다. 문단은 중심 문장과 뒷받침 문장으로 이루어져 있습니다. 중심 문장은 중심 내용이 담긴 문장이고, 뒷받침 문장은 중심 문장을 이해하기 쉽게 풀어서 쓴 문장입니다. 설명문은 정의, 예시, 비교, 대조, 분류, 분석 등의 방법을 사용합니다.

- 정의 : 대상이나 본질의 의미를 나타냅니다. (이를테면, 말하자면, ~은 ~이다)

－ 예시 : 구체적인 예를 듭니다. (예를 들면, 예컨대, ~의 종류, ~의 형태)

－ 비교 : 둘 이상의 공통점을 나타냅니다. (~는 ~와 비슷하다, ~처럼 ~하다, ~와 공통점은)

－ 대조 : 둘 이상의 차이점을 나타냅니다. (그러나, ~인데 반해, 반면에, ~와 차이점은)

－ 분류 : 기준을 정해 구분하여 설명합니다. (~로 나뉜다, ~로 분류된다)

－ 분석 : 항목, 성질로 나누어 설명합니다. (~으로 이루어져 있다, ~으로 구성되어 있다)

주장하는 글 쓰는 법

논설문이란 주장하는 글로 자신의 주장이나 의견, 생각 등을 펼쳐서 다른 사람을 설득하는 글입니다. 논설문 ①에서는 서론에서 문제 제기하며 글을 시작하였습니다. 이치에 맞게 생각을 이끌어 가며 근거를 제시했습니다. 중심 생각을 나타내는 중심 문장에 뒷받침하는 문장을 더해 문단을 만들었습니다. 뒷받침하는 타당한 근거가 포함되어야 하며, 자신의 주장과 근거를 객관적으로 써야 합니다. 주장에 관한 생각을 논리적으로 풀어서 썼습니다. 이처럼 논설문을 쓰기 위해서는 글의 구조를 파악을 하고 쓰면 도움이 됩니다.

저는 채식 선택 급식 도입에 반대합니다. 과연 요류나 육제품을 안먹는 것이 좋은 것일까요? 아닙니다! 고기로만 섭취할 수 있는 영양분이 있습니다. 하지만 육류를 먹지 못하면 그 영양소는 얻을 수 없는 것입니다.

그리고 한 초등학교 영양 교사 말에 따르면, 여러 학교에서 채식 식단이 이루어졌다고 했습니다. 단, 학생들의 건강을 위하거나 특별 교육으로 보통은 단기간으로 진행되었다고 합니다. 성장기 학생들에게는 채식 급식이 이벤트 식단은 괜찮아도 일상이 되면 절대 안된다고 생각합니다.

마지막으로 선택 급식이 도입되면 채소를 좋아하는 사람과 고기를 좋아하는 사람도 갈리고 많은 학생이 자신이 좋아하는 급식을 달라고 요구할 것입니다.

채식 식단은 학생들의 건강을 책임질 수 없습니다. 그래서 저는 채식 선택 급식 도입에 반대합니다.

〈논설문 ①〉

청중을 위한 글 쓰는 법

연설문은 반장 선거 유세나 웅변처럼 청중 앞에서 생각이나 주장을 말하기 위해 썼습니다. 연설문을 쓸 때는 청중을 고려하여 청중이 이해하기 쉽고, 관심을 끌 만한 인상적인 내용을 제시해야 합니다.

기사를 알려주는 글쓰기

기사문은 독자의 관심을 끌 만한 사건이나 새로운 정보를 전달하려는 목적으로 쓴 글입니다. '누가, 언제, 어디에서, 무엇을, 어떻게, 왜' 했는지 육하원칙에 따라 설명해야 합니다. 기사문을 쓰게 되면 사건의 내용을 정리하기 위해 간결한 문체와 쉬운 어휘를 선택해야 합니다. 자신의 주장을 근거를 들어 설득해야 하므로 논리적인 글이 됩니다. 기사문 쓰기를 연습하다 보면 논리적인 설득하는 글을 쓰는 데 도움이 됩니다.

여행 다녀와서 글쓰기

기행문이란 여행을 통하여 얻은 견문(여행이나 견학을 하며 보거나 들어서 알게 된 것)과 감상(견문에 대한 생각이나 느낌)을 쓴 글입니다. 생생한 기행문을 쓰려면 여행지에서 본 풍경이나 장면을 그림을 그리듯 묘사하고, 여행하며 느낀 점을 까닭을 들어 구체적으로 표현해야 합니다.

글쓰기 점검하기

글을 잘 쓰기 위해서는 쓴 글을 고치는 과정이 필요합니다. 아이들은 숙제로 쓰는 경우가 많기 때문에 한 편의 글을 쓰고 나서는 다시는 쳐다 보고 싶지 않은 상태가 됩니다. 귀찮고 힘들더라도 글의 내용을 다시 살 펴보고 고치게 하였습니다. 첫째, 글을 다 쓴 다음에 전체, 문단, 문장, 단어 순서대로 살펴봅니다. 둘째, 같은 내용이 이어지면 한 문단으로 쓰 고 다른 내용으로 바뀌었으면 줄을 바꿔 쓰게 하였습니다. 셋째, 잘못된 문장은 바르게 고쳐 쓰고 반복되는 문장은 하나로 합쳤습니다. 넷째, 맞 춤법이 틀린 글자나 띄어쓰기가 잘못된 부분이 있는지 점검하고, 높임법 과 시간 표현이 맞는지 확인하고 고쳤습니다.

집에서
시작하는
엄마표 문해력
수업

1.

문해력을
기르는 책 읽기는
다르다

문해력이 떨어지기 때문에 학교 교과 과정을 이해하지 못하는 아이들도 많습니다. 교과서의 어휘를 이해하지 못하기 때문에 모르는 어휘가 많아 읽는 속도가 느릴뿐더러 읽고 나서도 이해를 못합니다. 대관절을 큰 관절로 이해하고, 을씨년스럽다는 욕으로 이해합니다. 시나브로는 신난다로 알고 있고, 개편하다는 정말 편한 것으로 이해합니다. 또 샌님을 선생님의 줄임말로 이해하기도 합니다. "엄마의 등살에 힘들다."라고 쓴 아이 덕분에 웃는 일도 있었습니다. 등살이 아니라 등쌀로 써야 하는데 말이죠. 엄마가 등살이 많은 것 때문에 힘든 것으로 이해가 될 수 있잖아요.

문해력이라는 건 아이들에게만 해당하는 건 아닙니다. 문해력은 일상 생활을 하는 능력이기도 합니다. 신문 기사를 이해하고, 회사의 보고서 나 제안서를 활용하는 능력, 통계를 보는 능력, 계약서 쓰는 것도 문해력 이 필요합니다. 그러므로 문해력은 국어라는 과목에만 해당하는 내용이 아닙니다. 문해력이 높아야 친구들과 의사소통이 원활하고, 의사전달, 문서 작성 능력이 높아지게 됩니다.

책 읽는 방법을 알려줘야 한다

문해력을 기르기 위한 방법에 대한 질문이 많습니다. 결론부터 이야기 하면 책 읽기를 신경 써주세요. 초등 학부모님들께서 아이가 저학년 때 까지는 책을 잘 읽었는데, 고학년으로 올라갈수록 책을 읽지 않는다는 고민을 자주 털어놓으십니다. 수학, 영어 학원 비중이 높아지고, 디지털 환경에 노출되다 보니 시간이 부족하기 때문입니다. 초등 고학년에 책 읽기를 중단한 아이들은 중 · 고등학생 시기에는 더욱 책과 멀어지게 됩 니다. 따라서 우선적으로는 중 · 고등학생 시기에 책 읽기를 중단하지 않 도록 도와주어야 하고, 다음으로는 아이들이 책을 잘 읽기 위해 도와주 어야 합니다. 문해력을 기르기 위해서는 어떻게 해야 할까요?

책을 읽을 때 눈으로만 읽지 않고, 마음을 다해 뜻을 이해하며 읽어야 합니다. 마음을 다한다는 건 대충 읽지 않는다는 것을 의미하고, 뜻을 이해한다는 건 책 속 어휘와 주제를 이해한다는 것을 의미합니다. 마음을 다해 읽기 위해서는 책 읽기가 즐거워야 합니다. 억지로 숙제처럼 책을 읽으면서 마음까지 진심으로 대할 수는 없기 때문입니다. 뜻을 이해하기 위해서는 우선 모르는 어휘가 없어야 합니다. 책을 읽으면서 모르는 어휘가 나왔을 때 그냥 넘어가지 말고, 뜻을 찾아봐야 합니다. 사람들은 자신들이 쓰는 어휘만 제한적으로 알고 있습니다. 문맥상의 어휘의 뜻을 정확히 알고 읽어야 합니다.

예를 들어 동시를 읽었는데 뭉실뭉실, 일렁일렁, 고랑내 등의 어휘가 나왔습니다. 뭉게뭉게나 둥실둥실은 들어봤지만, 뭉실뭉실의 정확한 의미는 모를 수 있습니다. 뭉실뭉실은 연기나 구름 따위가 크게 둥근 모양을 이루면서 나오는 모양을 의미합니다. 시를 읽으며 바로 사전을 찾을 수는 없으니 우선은 문맥을 파악해보고요, 책을 덮은 뒤에라도 어휘의 뜻을 찾아보는 게 좋습니다. 일렁일렁은 크고 긴 물건 따위가 자꾸 이리저리로 흔들리는 모양입니다. 다른 곳에 활용할 수는 없을지 생각을 해볼 수 있습니다. 고랑내는 고린내의 방언입니다. 어떤 상황에서 고랑내가 나는지 이야기 나눠볼 수 있습니다.

다음으로는 주제를 이해해야 합니다. 이야기책은 인물, 사건, 배경을 이해하며 주제를 파악하고, 서사적인 흐름을 이해해야 합니다. 지식, 정보책을 읽었을 때는 책에서 새롭게 전달하는 내용을 이해하고, 내가 원래 알고 있었던 내용과 새롭게 배운 내용을 구분해야 합니다.

어휘력, 영어 단어처럼 외우라는 말?

책을 읽는다고 저절로 문해력이 높아지는 것은 아닙니다. 책을 눈으로만 읽거나 대충 읽었을 때는 기억에 남는 것이 없을 수 있습니다. 책을 읽으면서 내용을 파악하며 이해하고자 해야 합니다. 이야기책을 읽으면서 주인공의 마음을 이해하고, 등장인물 사이에서 일어나는 갈등을 파악하며 사건의 원인과 결과를 파악해야 합니다. 나라면 어떻게 할 것인지에 대한 생각을 하면서 책의 주제와 나의 상황을 연계시킬 수 있습니다. 지식, 정보책을 읽으면서 모르는 내용과 아는 내용을 구분하면서 모르는 어휘를 찾아보고 지식이나 정보의 원리를 배워야 합니다. 책을 읽으면서 어휘를 익히고 주제를 이해하는 과정을 끊임없이 거쳐야 문해력이 높아집니다. 문해력의 기본은 어휘력입니다. 어휘가 뒷받침되지 않고서는 문해력을 높일 수 없습니다.

그렇다고 책을 읽을 때마다 영어 단어를 외우는 것처럼 외울 수는 없습니다. 나만의 낱말 카드를 만들어, 정리하거나 모르는 어휘의 뜻을 그때마다 찾아서 익히는 것이 가장 좋지만, 이렇게 책을 읽다가는 문해력을 높이기도 전에 책에 질려 버려서 책을 좋아하지 않을 수 있습니다. 그래서 책은 즐겁게 읽어야 하는 게 기본 전제입니다. 즐겁게 읽으면서도 어휘를 공부하는 방법은 엄마와 함께 하는 말놀이입니다. 예를 들어 상위어와 하위어의 개념을 정리하며 상하 관계로 단어의 뜻을 파악해볼 수 있습니다. 동물, 호랑이, 토끼, 여우가 있습니다. 동물은 호랑이를 포괄하는 개념이지요? 그러니 동물은 상위어이고 호랑이, 토끼, 여우는 하위어입니다. 그런데 상위어와 하위어는 상황에 따라 다르기도 합니다. 포유류라는 어휘를 추가해보겠습니다. 그러면 포유류가 상위어이고, 호랑이, 토끼, 여우가 하위어가 됩니다. 포유류는 동물의 하위어가 되기도 합니다. 상위어는 일반적이고 포괄적인 내용을 다루고, 하위어는 상위어를 포함합니다. 한 단어의 의미가 다른 단어의 의미를 포함하거나 의미에 포함되는 의미 관계를 상하 관계라고 합니다. 이렇게 아이와 놀이식으로 어휘 공부를 하다 보면 즐겁게 익힐 수 있습니다.

문해력에 날개를 다는 독서 습관

초등 시기에 독서 습관을 잡아주지 않으면 중 · 고등 시기에는 독서를 지속하기가 어렵습니다. 고학년을 시작하는 4학년이 되면 독서를 줄이거나 멈추는 아이들이 생깁니다. 4학년 이후 학습만화나 스마트폰, 게임 등에 노출이 많이 된 아이들은 중 · 고등 시기에는 더욱 책을 이어나가기가 어렵게 됩니다. 꾸준히 책을 읽어 어휘력과 이해력이 높아진 아이들은 바쁜 중 · 고등 시기에도 틈틈이 책을 읽어나갈 힘이 있지만, 책을 중단했다가 나중에 읽기 시작하면 읽어내기가 쉽지 않습니다.

책을 꾸준히 읽는 사람들은 자신이 필요한 분야가 있을 때 집중 독서를 하기도 하고, 쉬는 동안에 읽을 책을 별도로 정하기도 하고, 휴가 기간에도 책을 들고 갑니다. 책이 삶이기 때문이지요. 중 · 고등학생 중에서도 평소에 열심히 공부를 하다가 쉬는 동안에 책을 읽으면서 스트레스를 푸는 아이들이 있습니다. 억지로 읽는 책이 아니기 때문에 가능합니다. 영어를 잘하는 아이 중에서는 평소에 공부하다가, 쉬는 시간에 미국 드라마나 영화를 자막 없이 보면서 휴식을 취한다는 이야기를 들어봤습니다.

그렇다면 꾸준하게 읽을 수 있으려면 어떻게 해야 할까요? 답은 문해력입니다. 문해력 습관을 키워나가기 위해서 첫째, 아이가 읽어달라고 할 때까지 읽어주어야 합니다. 엄마가 책을 읽어줄 때 유창성을 확보해나갈 수 있고, 읽은 뒤 의미를 파악하게 됩니다. 엄마와 어휘를 익혀가면서 배워나갈 수 있습니다. 둘째, 책을 읽으며 대화를 나누어야 합니다. 책을 통해 의미를 파악하고 있는지, 비판적으로 해석하고 있는지 질문을 통해 이야기를 나눌 수 있습니다. 셋째, 아이가 좋아하는 책을 찾아 몰입해야 합니다. 스스로 좋아하는 분야의 책을 몰입해서 읽은 경험으로 책 읽기는 탄력을 받게 됩니다.

문해력에 날개를 달기 위해서는 책을 제대로 읽고 잘 활용을 할 수 있어야 합니다. 어휘나 배경 지식을 익히고, 상황에 맞게 적절하게 써야 합니다. 수동적 독서 습관으로 읽게 되면 엄마나 교사가 알려주는 내용을 듣기만 하게 됩니다. 하지만 이를 능동적 독서 습관으로 변경을 하면 문해력에 날개를 달 수 있습니다. 능동적 독서 습관으로 읽는 과정에서는 어휘나 배경 지식을 잘 이해하고 활용 수 있습니다. 엄마가 읽어주는 내용을 듣기만 하는 게 아니라 엄마와 아이가 책의 내용을 꺼내어 대화하게 되면 아이가 어휘를 좀 더 잘 이해하게 됩니다. 즉, 초등 시기부터 문해력을 쌓기 위해 노력하는 것이 필요합니다.

2.

집에서 하는
문해력 수업,
어떻게 시작할까?

영어 학원에서 강조하는 순서에도 듣기, 말하기, 읽기, 쓰기가 있습니다. 이는 영어뿐만 아니라 한글을 익힐 때도 적용이 되지요. 먼저 소리를 듣다가, 말을 하게 되고 글을 읽으며 쓰는 단계로 발전하게 되지요. 엄마표 문해력도 읽어주기, 대화하기, 짧은 글쓰기의 원리로 적용됩니다. 즉 아이가 말을 배우듯 발달 단계에 맞춰 환경을 만들면 됩니다. 엄마가 충분히 읽어주었을 때 소릿값을 인식하게 됩니다. 아이의 속도를 기다려주기 바랍니다. 가랑비에 옷이 젖듯 꾸준히 책의 양식을 쌓는 거지요.

엄마표 문해력을 무작정 밀어붙일 수는 없을 겁니다. 읽어주기-대화하기-짧은 글쓰기 세 단계를 하기 위한 준비 작업이 필요합니다. 우선 계절을 느끼며 통합교과의 순서대로 따라 해보세요. 엄마표 문해력으로 아이가 어떻게 성장하면 좋을지 큰 그림을 그려보세요. 두 번째로는 주위의 작은 것으로 시작해 보세요. 세 번째로는 작은 활동을 기록을 해보시기를 바랍니다.

계절의 책을 읽는 것부터!

집에서 하는 문해력 수업의 출발점이 중요합니다. 엄마들은 아이들이 학교에 입학하거나 읽기 독립이 되면 책 읽어주기를 멈춥니다. 글자를 알면 스스로 읽을 수 있다고 생각하기 때문이지요. 이는 글자를 소리로 바꿔서 읽기만 하면 읽기 교육이 끝났다고 생각하는 데서 기인합니다. 문해력을 기르기 위해서는 읽기 독립이 된 이후에도 아이가 내용과 어휘를 익힐 수 있도록 도와주어야 합니다.

학교에서도 문해력 지도가 부족한 현실입니다. 선생님은 학급의 전체 아이들을 일일이 지도하기 어려우며, 대답을 잘하는 몇 명 아이들 중심으로 수업을 합니다. 가정에서 제대로 된 읽기 교육을 하여 문해력을 높일 수 있도록 도움을 주는 게 필요합니다. 집에서 하는 문해력 수업의 시작하는 방법으로는 계절과 시기에 맞는 책을 읽는 겁니다. 초등 1~2학년은 통합교과라고 해서 봄, 여름, 가을, 겨울을 배우게 되고 유아시기에 누리 과정도 이와 연계됩니다. 따라서 계절의 책을 읽게 되면 아이가 좋아하는 분야를 발견하기도 쉽고 가정에서도 쉽게 시작할 수 있습니다.

여러 가지 자연현상 중에서 사계절의 변화는 우리의 삶과 밀접하게 관련이 있습니다. 또한, 누리 과정과 초등 1, 2학년에는 봄, 여름, 가을, 겨울에 대한 통합과목을 다루기 때문에 계절의 흐름을 체험하고 계절 변화에 따른 사람들과 동식물에 대한 변화를 이야기하기에 좋습니다. 자연환경 변화를 이해하면서 계절의 특징을 이해하면 과학을 잘 이해하게 되기도 합니다. 자연과 교감하면서 정서와 감성을 키울 수도 있습니다. 자연을 소중히 하며 자연과 함께 살아가는 모습도 이해하게 됩니다.

아이들이 어릴 때는 어린이집, 유치원, 통합교과 시간을 통해 봄, 여름, 가을, 겨울에 대해 배우게 됩니다. 저는 아이들에게 계절과 시간의 흐름을 접하게 해주려고 하였습니다. 학교에 자주 가지 못한 시기에는 통합교과를 통해 일상적인 생활 모습과 교과 지식을 연계하는 연습을 하였습니다.

봄 독서

추운 겨울이 지나고, 새싹과 꽃을 피우는 봄이 시작되는 시기가 되면 봄을 미리 만나 볼 수 있었습니다. 아이들이 어릴 때나 초등 저학년 때는 엄마와 하는 계절별 놀이가 좋습니다. 하얀 종이를 꺼내서 봄에 대해 생각나는 낱말을 적어보게 하였습니다. 파릇파릇, 개굴개굴 등의 의성어, 의태어를 활용하여 봄에 대한 상상력을 펼칠 수 있었습니다.

글과 그림의 조합을 느껴 보면서 시를 써 보거나 단어 놀이를 하였습니다. 시를 쓰기 위해서는 먼저 시에 들어갈 글감이 있어야 합니다. 글감을 준비하기 위해서는 주변을 살펴야 합니다. 아직 싹이 트지 않은 나뭇가지가 어떻게 변화하는지, 겨울눈이 나와 봄을 기다리고 있는지 찾아보았습니다. 새싹을 보지는 않더라도 다가올 계절에 대한 기대감 때문인지 봄이라는 계절이 주는 포근함과 따뜻함, 희망적인 느낌을 순간순간 느낄 수 있을 겁니다.

봄 날씨는 변화가 많습니다. 아이가 기상 캐스터가 되어 봄 날씨 일기 예보를 하게 하였습니다. 봄에 대해 생각나는 낱말들을 적었습니다. 저는 입춘대길, 봄비, 아지랑이가 생각났습니다. 아이는 새싹, 시냇물, 개나리를 이야기하였습니다. 아이의 의견을 더 듣고 함께 인터넷과 영상을 찾아보기도 하고, 도서관에 가서 책을 찾아보았습니다. 진달래와 민들레를 찾아보고, 꽃씨를 심고, 봄 소풍 계획을 세웠고, 유채꽃이나 벚꽃을 구경 계획을 세웠어요.

봄에는 겨울잠에서 깨어나는 동물들도 볼 수 있습니다. 봄나물의 향기가 향긋한데 아이들은 아직 이 맛을 모르잖아요. 봄을 대표하는 쑥으로 어떤 요리를 만들 수 있는지 찾아보았습니다. 쑥전, 쑥버무리, 쑥된장국, 쑥개떡 등 쑥으로 만들 수 있는 요리가 이렇게 많은 줄 몰랐다며 감탄했습니다.

★ 봄에 읽기 좋은 그림책 - 『봄 숲 봄바람 소리』(우종영 글, 파란 자전거), 『할머니, 어디 가요? 쑥 뜯으러 간다』(조혜란 글, 보리), 『우리 순이 어디 가니?』(윤구병 글, 이태수 그림, 보리), 『벚꽃 팝콘』(백유연, 웅진 주니어)

★ 봄 만들기 활동 : 봄꽃의 사진을 찾아서 꽃잎에 넣어보았습니다. 봄 소풍을 간다면 무엇을 하고 싶은지 이야기를 나누어보았습니다. 봄과 관련된 느낌을 모아 동시 짓기도 할 수 있습니다.

여름 독서

여름은 움직임이 많은 계절입니다. 축축한 물이 머리 옆에 흐릅니다. 바깥세상은 온통 싱그럽고, 초록색이지요. 하지만 문을 열기만 하면 더운 열기에 숨이 막힙니다. 어른들은 더운 여름을 피하기 바빠서 피서라는 것도 갑니다. 하지만 아이들에게 여름은 활기찬 날입니다. 매미는 밤낮을 가리지 않고 울고요. 매미 울음소리를 들으면서 아이들은 매미채를 듭니다. 날이 더운 것과 상관없이 생명이 활발하게 움직이는 계절입니다. 나무나 풀의 초록색의 느낌이 진하고, 나뭇잎을 모아 소꿉놀이를 할 수 있습니다.

"나뭇가지랑 돌, 꽃잎을 모아서 요리를 만들어보자!"

소꿉놀이 그릇이 없어도 문제될 게 없습니다. 집 앞을 나가니 동네 아이들이 옹기종기 모여 앉아 요리를 시작합니다.

물총에서 물이 날아갑니다. 지나가는 동네 어른이 눈살을 찌푸려서 엄마들은 눈치를 살피지만, 아이들의 웃음소리는 점점 커집니다. 물총에 물을 채워 넣느라 수십 번 수돗가를 왔다 갔다 하지만 힘든 내색이 없습니다.

"찌르르르, 우르르 쾅쾅, 쨍쨍!"

무더위, 가뭄, 장마, 태풍 등의 여름 날씨의 특징이 많습니다. 기후변화로 날씨는 더욱 변덕스럽습니다.

무당벌레, 장수풍뎅이, 사슴벌레, 매미, 모기 등 여름에 관찰할 수 있는 곤충들이 많습니다. 수박, 복숭아, 자두, 포도. 물이 많은 여름 과일은 먹을 때마다 몸에 물이 채워지는 것 같습니다. 채송화, 해바라기, 봉선화, 분꽃 등의 여름 식물이 눈에 들어옵니다.

★ 여름에 읽기 좋은 그림책 - 『여름 숲 모뽀리 소리』(우종영 글, 파란 자전거), 『할머니, 어디 가요? 앵두 따러 간다!』(조혜란 글, 보리), 『심심해서 그랬어』(윤구병 글, 이태수 그림, 보리), 『풀잎 국수』(백유연, 웅진 주니어)

★ 여름 만들기 활동 : 여름 숲에서 만나볼 수 있는 것들을 그리거나 사진 찍을 수 있습니다. 곤충이나 풀도 있고요. 소나기와 번개도 있습니다. 여름방학을 마치며 여

름 동안 하였던 활동을 그림으로 그려서 이야기를 만들며 작은 책을 완성할 수 있습니다.

가을 독서

빨갛고 노랗게 변한 가을 풍경을 바라보았습니다. 가을이 되면 나뭇잎이 떨어지고, 바닥에 굴러다니는 것들이 많아집니다. 가을에는 바람이 얼굴에 닿기만 해도 기분이 좋았습니다. 주말마다 놀러 나가고 싶다는 아이들의 목소리에 매번 호응해주지는 못하더라도 집 앞 공원에서 가을을 느낄 수 있습니다.

"공원이라도 갈까? 시원할 때 자전거도 타고, 운동도 하자!"

공원에 나가는 날에는 길거리에 떨어진 도토리, 가을 열매들을 줍느라 바쁩니다. 바람의 시원함을 느끼며 마음이 트이기도 합니다.

감, 밤, 배, 사과 등 가을에는 풍요로운 과일이 냉장고에 떨어지지 않지요. 비싼 과일이지만 가을 시기에는 돈을 아끼지 않고 냉장고에 자리를 잡습니다. 아삭한 사과의 느낌이 목구멍을 넘어가고, 홍시, 단감 등의 여러 가지 감의 느낌은 그때마다 먹는 즐거움을 주었습니다.

여름 내내 울었던 매미 소리가 뚝 끊겼습니다. 귀뚜라미를 실제로 보기는 어렵지만, 새소리와 이름 모를 곤충의 소리가 바스락거립니다. 아이들은 가을에 활동하는 곤충들을 관찰합니다. 가을에는 유난히 하늘이 예쁩니다.

오감을 활용하여 가을을 느껴 봅니다. 나뭇잎을 줍거나 나뭇잎 소리를 들어보았습니다. 나뭇잎을 활용하여 가을 풍경에 관한 활동을 하였습니다. 나뭇잎을 색깔별로 주워서 스케치북에 붙인 다음에 나뭇가지만 그려 주어도 훌륭한 작품이 되었습니다. 멋스러운 그림을 작품이라면서 벽에 붙여둡니다.

"귀뚤귀뚤 귀뚜라미, 울긋불긋 나뭇잎"

흉내 내는 말이 저절로 입에서 나옵니다. 의성어, 의태어라는 어려운 말을 가르쳐주지 않아도 노래가 만들어집니다. 시를 지어보거나 동요를 지어 부르며 가을을 느낄 수 있습니다.

★ 가을에 읽기 좋은 그림책 - 『가을 숲 도토리 소리』(우종영 글, 파란 자전거), 『할머니, 어디 가요? 밤 주우러 간다!』(조혜란 글, 보리), 『바빠요 바빠』(윤구병 글, 이태수 그림, 보리), 『낙엽 스낵』(백유연, 웅진 주니어)

★ 가을 만들기 활동 : 나뭇잎을 주워서 붙인 다음에 가을 동시를 지을 수 있습니다. 나뭇잎을 오리거나 붙여서 가을에 느낀 내용을 글로 쓸 수 있습니다.

겨울 독서

하얀 눈이 내리는 겨울은 아이들이 좋아하는 계절입니다. 눈이 오기라도 하면 아이들은 옷을 챙겨 입고 밖으로 나가지요. 스키장이나 제대로 된 눈썰매장에 가지 않더라도 눈만큼은 아이들이나 어른이나 추억이고 놀이입니다.

"매일 눈이 내리면 좋겠어요. 사람들이 아무도 밟지 않은 눈을 제일 먼저 밟고 싶어요!"

겨울에 눈이 내리지 않는 건 상상할 수 없습니다. 눈만 내리면 추운 겨울도 아무 문제가 없었습니다. 아파트 단지라서 놀 곳이 부족하더라도 아이들에게는 환경이 중요하지 않았습니다. 옆집 친한 아이가 눈썰매라도 끌고 나오는 날이면 최고의 날이 되는 게 눈 오는 날이지요.

노느라 바빠서 주위를 관찰할 시간이 없어 보이지만, 봄, 여름, 가을, 겨울에 자주 보이던 동물들이 왜 겨울에 보이지 않는지 궁금해했습니다. 집에 돌아와서는 겨울나기를 하는 동물들에 대해 살펴보았습니다. 눈 덮인 나뭇잎 아래에 숨어 있는 겨울나기를 하는 동물들이 누구일지 이야기 나누었습니다.

겨울에는 유독 연날리기를 좋아했습니다. 시원한 바람을 좋아하기 때문입니다. 팽이치기, 연날리기, 딱지치기 등 겨울에 할 수 있는 놀이도 이야기 나눠 보았습니다. 아파트 단지에서는 연이 자주 걸리기 때문에 연날리기 좋은 장소를 찾아보았습니다. 코가 빨개지도록 연날리기를 하고 온 날 아이의 숨도 거칠었습니다. 하지만 겨울의 느낌을 마음껏 전달받고 올 수 있습니다.

★ 겨울에 읽기 좋은 그림책 - 『겨울 숲 엄마품 소리』(우종영 글, 파란 자전거), 『할머니, 어디 가요? 굴 캐러 간다!』(조혜란 글, 보리), 『우리끼리 가자』(윤구병 글, 이태수 그림, 보리), 『사탕 트리』(백유연, 웅진 주니어)

★ 겨울 만들기 활동 : 겨울에 먹고 싶은 음식, 겨울에 할 수 있는 활동, 겨울에 만날 수 있는 동물, 겨울에 잠을 자는 동물들을 그림으로 그리고 글로 적으며 작은 책을 완성하였습니다.

3.

공부머리를
키우는
교과연계독서

"선생님! 책 잘 읽는 아이로 키우려면 어떤 책을 읽게 해야 하나요?"

책에 대한 열정이 뜨겁습니다. 아이들이 책을 잘 읽었으면 좋겠다고 다들 이야기합니다만, 그 속마음은 제각각입니다. 책을 잘 읽어서 공부를 잘하게 하고 싶은 마음이 큰 것일 수도 있습니다. 그렇다면 책을 잘 읽는다고 공부를 잘하게 되는 걸까요? 어린 시절부터 전략적으로 책을 읽을 수 있는 과목별 독서 방법이 있습니다.

독서 능력을 키우면 국어 공부에 도움이 된다!

책을 많이 읽는다고 국어를 잘하게 될까요? 결론부터 이야기하면 책을 읽어서 국어를 잘하는 게 아니라 책을 통해 국어 실력의 기반을 닦는 것입니다. 초·중등 국어 시험에는 국어 교과서에 있는 제시 글이 시험에 나오는 편이지만 고등 국어 시험이나 모의고사에서는 학교에서 배우지 않은 제시 글이 시험이 나오게 됩니다. 이때 필요한 것은 처음 보는 글을 잘 이해하는 일입니다. 학교에서 배우지 않은 제시 글을 읽고 이해하기 위해서는 관련된 배경 지식이 있으면 도움이 되고, 제시 글에 나온 어휘를 많이 알아야 하며, 글을 읽고 잘 이해할 수 있는 독해력이 필요합니다. 따라서 국어를 잘하는 아이 중에서는 책을 많이 읽은 아이들이 많은 것입니다.

2학년 설아는 학습만화를 좋아합니다. 줄글 책도 읽기는 하지만 학습만화를 우선 선택하는 편이었습니다. 학습만화를 많이 읽는 게 문제가 될까요? 네. 초등 저학년 시기에 국어 실력을 높이기 위해서는 다양한 책을 많이 읽어야 합니다. 다양한 책의 독서를 통해 배경 지식을 쌓을 수 있고, 어휘력을 늘릴 수가 있기 때문이지요. 설아의 어머님은 배경 지식을 쌓기 위한 수단으로 학습만화를 보게 한다고 말씀하셨는데, 학습만화만으로는 책 읽기 실력이 늘지 않습니다. 배경 지식을 습득하는 데 일부 도움이 되는 때도 있지만 전체적인 흐름을 익히고, 독해력을 기르기 위해서는 줄글로 되어 있는 책 읽기를 통해서만 가능하다고 말씀드렸습니다. 독서 논술 수업을 하면서 학습만화를 줄이고, 줄글 책에 흥미를 갖도록 노력하고 있습니다. 설아는 지금 학습 만화책은 쉴 때 읽고, 평상시에는 다양한 줄글 책을 더 많이 읽으며 독해 연습을 하고 있습니다.

공부를 잘하는 아이들에게 비법을 물어보면 대부분 교과서 위주로 공부했다고 이야기를 합니다. 교과서 위주로 공부를 했다는 것은 수업 시간에 집중해서 듣고, 교과서를 잘 공부했다는 의미입니다. 설아에게 교과서를 한 권 더 준비하여 읽도록 하였습니다. 문제집이나 전과보다 교과서의 구성을 이해하여 공부하는 방법을 습득하게 하려고 하였습니다. 교과서를 잘 이해하기 위해서는 잘 읽어야 합니다. 교과서의 글을 읽으면서 다음의 내용을 예측해보거나 교과서의 내용을 질문해보게 하였습니다. 설아가 학교에 다녀오고 나서 그날 배운 내용을 스스로 질문을 만들어보았습니다. 그리고 읽은 내용을 요약해보고 읽고 이해한 내용을 다시 말로 하였습니다. 이 과정을 거치면서 교과서 내용을 이해하고 있습니다.

국어 과목을 잘하기 위해서는 독서를 통한 사고력 향상, 내 생각 표현하기, 어휘력 확장이 필요합니다. 국어 과목은 반복적인 문제 풀이가 독이 될 수도 있습니다. 문제 푸는 요령보다는 독서를 통한 글쓰기, 토론, 어휘력 향상이 필요합니다. 독서, 글쓰기, 토론, 어휘력 향상에 대해 큰 그림을 그려보는 게 좋습니다. 저는 학부모님들과 독서 상담 시 아이가 중학생이 되었을 때 어떤 종류의 책을 소화해내고 어느 정도의 글을 쓰는 아이로 성장할 것인지 계획을 세워보라고 항상 말씀드립니다. 어휘력을 키우면 문장을 이해할 수 있고, 문장을 이해하면 문단에서 중심 내용을 파악할 수 있습니다. 문단에서 중심 내용을 찾는 연습을 하게 되면 요약하는 능력을 키우게 됩니다. 요약하기가 잘 되면 독해력이 향상됩니다. 설아는 학습만화를 줄이고, 독서, 글쓰기에 대한 두려움과 거부감을 없애는 것을 목표로 삼았기에 차근차근 독서량을 늘려가고 있습니다.

국어 과목을 잘 못 하게 되면 긴 제시 글을 읽지 못하거나 앞에서 읽은 제시문의 내용을 뒷장을 넘기면서는 기억을 못 하게 됩니다. 글을 읽기만 하고 이해하지 못하기 때문이지요. 이는 문제를 풀 때도 영향을 미칩니다. 결국, 국어 과목을 잘해야 영어, 수학, 사회, 과학 등의 과목도 잘할 수 있게 되는 것입니다.

개념을 익숙하게 익히면 수학 공부를 잘할 수 있다!

한글을 늦게 익혀서 초등학교에 입학하게 되면 수학 과목에서 어려움을 겪게 됩니다. 국어 과목에서는 자음과 모음부터 학습을 하게 되니 어려움이 없으나, 수학 과목에서는 서술형 문장형 문제가 나왔을 때 독해가 되지 않아 문제를 풀지 못하는 어려움을 겪게 되는 거지요. 저는 수학 동화를 통해 도움을 받으라고 말씀을 드립니다. 최근의 수학 교과서는 아이 부모 세대가 배웠던 교과와는 다르므로 수학 동화를 읽게 하면서 이야기 형태의 수학 문제에 익숙하게 하면 교과에 도움이 됩니다.

초등 수학 교과 과정에는 수와 연산, 도형, 측정, 규칙성, 자료와 가능성의 5개 영역이 있습니다. 일상생활에서 수학과 연계한 활동을 많이 한다면 수학의 지식 이해, 문제 해결 등의 역량을 기를 수 있습니다. 초등 1, 2학년 수학은 일상생활 속에서 접하는 수학적 내용이 서술형 문제로 많이 나오므로 연산 관련해서 일상의 상황 정도만 수학과 연결하면 좋습니다.

초등 고학년이 되면 수학 선행에 관심이 많습니다. 하지만 선행보다 중요한 것은 개념을 익히는 것입니다. 수학은 계통성이 높은 과목입니다. 초등 시기에 배운 내용이 연속적으로 중등에도 이어집니다. 나선형 교육인 셈이죠. 현재 학년에서 개념을 어려워하면 학년이 올라갈수록 어려워할 수 있다는 걸 명심해야 합니다. 따라서 과도한 선행이나 문제 풀이보다는 수학책을 통해 개념을 익히면 도움이 됩니다.

통합교과부터 문화, 역사로 이어지는 사회 공부!

통합교과는 초등 1, 2학년에 있습니다. 저는 아이가 호기심과 관심을 가질 수 있도록 교과 단원에서 다루는 내용과 연계된 책 읽기를 하였습니다. 7세부터 중학교 1학년까지 수업한 성희가 기억납니다. 성희가 성장하는 과정에 맞춰 함께 책을 읽었습니다. 예를 들어 봄 과목에서 계절에 관한 책, 봄의 동식물에 관한 책, 봄 풍습에 관한 책을 확장 시켜 읽었습니다. 통합교과 시간에는 발표를 많이 하게 되므로 생각을 정리해서 말을 하는 연습을 하였습니다. 그림 그리기나 종이접기 등의 만들기도 많이 하므로 소근육을 키우는 조작 활동도 많이 하였습니다. 통합교과 내용에는 예의나 규칙에 관한 내용이 많이 나옵니다. 인성 동화나 생활 동화를 통해 친구와 잘 지내는 법, 공공질서 지키는 법 등의 내용을 읽었습니다.

성희가 초등 3, 4학년이 되었을 때 사회책은 생활문화 영역의 내용으로 많아졌습니다. 글의 분량이 많은 정보 전달 형보다는 이야기 형태로 전개되는 사회 동화 읽기를 시작하였습니다. 성희가 초등 1, 2학년 때까지는 문화 영역과 지리 내용, 인물 이야기(위인)를 살펴서 읽었습니다. 인물 한국사는 시간의 흐름을 이해하고, 한자어를 이해해야 하는데 초등 3학년 때가 적당합니다. 정치에 관한 내용은 초등 고학년도 어려워하므로 3학년 이후에 읽는 것이 좋습니다. 사회책 중에서 정보 전달형의 비문학 책은 2학년 이후에 읽는 것이 좋습니다. 교과 과정에서 사회 과목은 3학년부터 시작합니다. 정보 전달형 비문학 책을 초등 저학년 때 이해하기가 어렵기 때문이지요. 학교 일정과 기념일에 맞추어 체험 학습 일정을 잡으면 도움이 되었습니다. 예를 들어 한글날에는 국립한글박물관이나 세종이야기 박물관, 세종대왕 역사문화관 등에 방문하고, 관련 책을 읽었습니다.

최근 한국사 책을 읽는 시기가 빨라지고 있습니다. 한국사는 초등 교과 과정에서 5학년 2학기에 나오기 때문에 초등 3~4학년 때 시작하는 게 일반적이긴 하지만, 조금 더 일찍 시작하기 위해서는 발달에 관한 이해를 하면서 한국사 책을 준비하는 게 좋습니다. 초등 입학 전 아이에게 한국사는 조금 이른 시기이므로 옛날이야기로 접하였습니다. 초등 1, 2학년 아이들은 이야기를 좋아하는 시기이므로 역사적 인물에 관한 이야기가 도움이 되었습니다. 초등 4, 5학년 시기에는 시간적인 흐름을 이해할 수 있습니다. 따라서 역사를 이해하기에 좋은 나이입니다. 4, 5학년이 되면서부터 본격적으로 한국사 책을 읽었습니다. 6학년, 중학교 1학년이 되어서는 역사 동화와 세계사를 번갈아 읽으며 사회 지식을 쌓아갔습니다.

단계적으로 넘어가는 영어책 읽기!

영어를 처음 배울 때는 최대한 많이 듣기 환경을 만들어야 합니다. 영어 실력이 향상되기 위해서는 꾸준히 듣기가 되어야 하기 때문이지요. 듣기가 안 된 상태에서 영어를 잘할 수는 없습니다. 영어를 듣고 따라 말하기, 듣고 받아쓰기를 통해서는 말하기 실력이 향상될 수 있습니다. 초등 1, 2학년 시기에는 그림책이나 쉬운 리더스 북 교재로 연습하였습니다. 영어 듣기를 통해 영어에 익숙해지고 어휘력이 되니 자연스럽게 책 읽기에도 흥미를 갖게 되었습니다.

파닉스와 사이트워드를 익히게 되면 쉬운 리더스 북의 단계가 됩니다. 이때도 그림책과 리더스북을 같이 활용하면서 읽어주었습니다. 영어책도 한글책처럼 아이가 흥미를 갖는 분야부터 읽어주어야 합니다. 아이가 재미있게 본 한글책과 같은 내용의 영어책이 있다면 원서를 구매해서 아이에게 보여주었습니다. 아이의 관심사를 파악하여 관련 책을 읽게 하는 것이 영어책도 잘 읽는 방법입니다.

리더스 북은 쉬운 어휘와 문장을 반복적으로 읽어주었습니다. 반복적으로 읽으면서 아이가 문장을 익히게 되는 것이지요. 리더스 북을 통해 읽기 연습을 충분히 한 다음에 단계적으로 챕터 북으로 넘어갔습니다. 쉬운 리더스 북에서 조금 어려운 리더스 북을 자연스럽게 읽게 되면 그 다음에 챕터 북으로 이어지게 됩니다. 챕터 북은 문학 장르이므로 어휘가 어렵지 않고, 이야기가 재미있습니다. 하지만 분량 때문에 아이들이 겁을 먹을 수 있으니 꼭 단계적으로 넘어가되, 아이가 좋아하는 책을 찾아야 합니다.

해리포터 책을 읽는 것이 목표가 아니라 아이가 문학 장르의 챕터 북에 흥미를 느끼게 되어서 다양한 영어 원서 책을 읽을 수 있도록 도와주는 것이 목표입니다. 처음에는 그림도 없고, 두꺼워진 챕터 북을 보고 읽지 않으려고 할 수 있습니다. 이럴 때는 챕터를 나눠서 읽게 하였습니다. 한꺼번에 다 읽지 않고, 리더스 북의 분량처럼 나눠서 읽게 하는 것입니다. 아이가 이야기에 흥미를 느끼게 되면 다음 책도 찾아서 읽을 수 있습니다.

초등 3, 4학년까지 영어가 흥미와 재미 위주라면 고학년이 되면 영어를 본격적으로 익히는 단계입니다. 문장별로 정확하게 해석을 하면서 독해 연습을 해야 하고, 지문을 읽은 다음 중심 내용이나 주제를 찾는 연습을 해야 합니다. 어휘는 많은 개수를 익히는 데 치중하기보다 반복해서 익히는 게 효과적입니다.

일상과 연결이 되는 과학 공부!

아이들이 어릴 때부터 과학은 우리 일상과 연결되어 있다고 생각했습니다. 하늘, 물, 땅의 내용으로 이야기를 하다 보면 과학의 분야가 정말 넓다는 것을 알 수 있었습니다. 곤충, 지진, 화산, 우주, 전기, 미래 에너지, 인공지능, 로봇, 동식물 등으로 관심사가 바뀔 때 자연스럽게 책을 확장해주었습니다.

3학년부터 배우는 과학 교과에는 다양한 실천과 관찰이 들어있습니다. 독서 교실에서 3학년 아이들과 과학책으로 수업을 하였습니다. 간단한 과학실험을 하며 실험 결과를 예측해보았습니다. 물질의 상태인 고체, 액체, 기체를 알아보는 실험을 한 날에는 얼음을 컵과 그릇에 담아보고, 얼음이 녹는 모양을 관찰하였습니다. 얼음은 눈으로 볼 수 있고, 손으로도 잡을 수 있지요. 눈으로 볼 수 있지만, 손으로 잡을 수 없는 것은 액체이지요. 눈에 보이지 않고 손으로 잡을 수 없는 것은 기체이지요. 공기에 무게가 있을까요? 아이들은 공기에 무게가 없다고 생각했습니다. 공기가 가득 찬 공과 공기를 뺀 공의 무게를 비교해 보았더니 결과가 달랐습니다. 예측과 다른 결과가 나올 때는 원인을 찾아보았습니다. 과학책에 나오는 과학 용어 등은 어휘 사전이나 개념 사전, 유튜브 영상 등을 통해 익혔습니다. 과학책은 이야기책이 아니라 지식 정보책이기 때문에 모르는 내용이 나올 수 있습니다. 모르는 내용은 밑줄을 그으면서 읽거나 다른 종이에 메모해 두었습니다. 과학실험을 하거나 과학책을 읽을 때는 사전에 예측하기를 통해서 호기심을 갖게 하고, 과학책을 읽는 중에는 책을 통해 새롭게 알게 된 내용을 파악하였습니다. 과학책을 읽고 난 후에는 더 알고 싶은 내용에 대해 생각하는 것으로 마무리하였습니다.

4.

디지털 시대,
문해력
키우는 법

코로나19 바이러스로 인해 학교에서 비대면 수업으로 전환되는 경우
가 많았습니다. 영상을 시청하거나, 온라인으로 선생님의 설명을 따라
가야 했지요. 아이들은 눈과 귀로 영상매체를 접하며 동시에 학습을 따
라가는 데 어려움이 많았습니다. 비대면의 특징상 집중하기 어려운 점도
있어서 설명을 놓치거나 이해를 하지 못하게 되면 학습 흥미를 잃기도
하였습니다.

디지털에 익숙한 아이들이지만, 디지털 환경에서 제공하고 있는 내용
을 해석하고 비판적으로 이해하는 능력은 별개입니다. 디지털 문해력은
디지털로 기록되고 저장된 정보들을 통해 의미를 읽어내는 능력입니다.

앞으로 일상생활 속에서 디지털 기기와 정보를 다루는 능력은 더 중요해질 것입니다. 따라서 디지털 환경의 영상과 배경 지식 등을 토대로 문제를 파악하는 능력을 키우는 게 필요합니다. 우리 아이들이 디지털 기술만 잘 다루는 게 아니라 디지털 문해력, 즉 디지털 리터러시에 대한 능력을 갖추었으면 합니다.

디지털 원주민의 특징

"엄마, 윈도 키랑 마침표를 누르면 이모티콘이 나와요."

서준이가 컴퓨터 단축키에 관해 저에게 설명해줍니다. 코로나19 바이러스로 원격 수업을 하게 되면서 남편의 노트북은 아이의 차지가 되었습니다. 아이는 수업 중간중간에 노트북 자판의 키를 눌러보고, 엄마도 모르는 단축키의 기능을 다 알아냈습니다.

"엄마, 엔트리라는 프로그램이 코딩 프로그램인데 한번 해봐도 돼요?"

사교육을 많이 시키지 않고, 코로나19 바이러스 유행 시기에 학원을 다니지 않았던 서준이는 심심한 나머지 코딩 프로그램을 검색하고 직접 설치해보겠다고 했습니다. 그러더니 프로그램 몇 개를 만들어서 엔트리 사이트에 올렸다고 했습니다. 간단한 게임이었는데, '좋아요' 같은 호응을 많이 받고 있었습니다.

　디지털 원주민인 아이들은 많은 시간과 노력을 기울이지 않아도 원하는 것을 얻을 수 있고, 검색에서 결과가 나오지 않으면 쉽게 포기하기도 합니다. 검색하다 길을 잃기도 하고, 빠른 검색, 빠른 결과를 추구합니다. 이런 아이들이 디지털 세상에서 중심을 갖고 디지털 리터러시를 잘 발달시켜 나갈 수 있게 되기를 바랍니다.

디지털 시대의 문제점

　문해력이 낮으면 일상생활과 소통에도 오해와 불편함이 생깁니다. 이러한 현상이 발생하는 이유는 유튜브나 카드 뉴스 같은 영상매체에 익숙해졌기 때문입니다. SNS가 활성화되면서 사진이나 짧은 영상이 익숙해지면서 나타난 현상입니다. 4학년 수진이는 독서 논술 수업에 오기 전, 수업 후 갈 때 항상 스마트폰을 손에 들고 있습니다. 어떤 내용을 보는지 물어보니 유튜브를 본다고 합니다. 정해진 유튜버가 있는 건 아니지만, 시간이 날 때마다 영상을 보고, 집에서 쉴 때도 한두 시간은 유튜브 시청을 하였습니다. 다른 아이들에 비해 영상 노출이 많이 되었기에 책을 읽을 시간이 부족했습니다. 또, 책이나 긴 글을 읽는 대신 영상에서 전달하는 정보를 습득하는 것이 익숙해서 긴 글을 읽는 것을 힘들어했습니다. 영상에서 나오는 소리와 이미지를 입력하다 보니 수동적 사고에 익숙해졌습니다. 수진이 어머님과 상담을 하여 매일 유튜브 시청하는 시간을 조절하였고, 걸어 다니면서 스마트폰을 시청하는 것은 하지 않는 것으로 하였습니다.

디지털 시대이지만 영상과 이미지뿐만 아니라 문자의 해석도 중요합니다. 많은 정보 중에서 내가 원하는 정보를 찾고, 옳고 그름을 판단할 수 있어야 하기 때문입니다. 수진이는 한 번 영상매체에 익숙해졌기에 긴 글을 더 안 읽게 되었습니다. 독서 논술 수업을 하는 중학생 팀에서 책을 안 읽고, 네이버 검색을 통해 책 내용을 이해하고 온 사례가 있었습니다. 인터넷 검색을 통해 책의 줄거리와 주제를 찾아보고 수업을 와서 책을 읽은 척 한 것입니다. 이 아이들만의 잘못이었을까요? 긴 책을 읽을 시간이 부족하고, 읽기에 어려움이 있었던 것인데 해결할 시간을 주지 않았던 것입니다.

디지털 문해력은 어떻게 키울 수 있을까요? 답은 독서에 있습니다. 아이들이 책을 읽고 문해력이 향상되어 있으면, 디지털 정보에 대해 옳고 그름을 판단하고, 문제를 해결할 수 있는 능력이 자랍니다. 수진이에게는 매주 책 한 권을 꼼꼼하게 읽을 수 있도록 지도하였습니다. 5학년이 된 이후에는 150페이지 이상의 책도 잘 읽을 수 있게 되었습니다.

디지털 세상이 왔다고 해서 아이들 교육에 대한 기본이 달라지는 것은 아닙니다. 디지털 기술을 자유자재로 사용하고 있는 아이들이지만 디지털을 해석하는 데는 어려움을 겪을 수 있습니다. 수진이 어머님과 상담을 하여 네 가지 수칙을 정했습니다. 첫째, 디지털과 영상에 많은 시간 노출되지 않도록 하였습니다. 하루에 매체에 노출되는 시간을 부모가 관리하여 아이 스스로 시간을 통제하도록 하였습니다. 영어 단어 뜻을 핸드폰을 통해서 찾는 경우가 많아서 자주 노출이 될 수도 있었어요. 수진이와 협의하여 하루에 정해진 시간만큼 매체를 사용하도록 하였습니다. 둘째, 짧은 글이라도 정독해서 읽게 하였습니다. 문해력은 학습을 통해 정보를 받아들이는 데 필요한 능력입니다. '훑어보기'에 익숙한 우리 뇌를 짧은 글이라도 집중해서 읽는 연습을 해야 합니다. 문해력이 떨어지면 같은 문장을 여러 번 읽어야 하고, 문장이 길어질 때 읽는 것을 포기하기 때문입니다. 셋째, 글쓰기 훈련을 차츰 진행하였습니다. 문해력은 후천적인 능력입니다. 넷째, 수진이의 마음을 보듬었습니다. 코로나19 바이러스는 아이들의 정신건강에도 영향을 미쳤습니다. 바깥에서 뛰어놀지 못하고, 집에 있는 시간이 길다 보니 혼자 밥을 먹거나 혼자 공부하는 시간이 길었던 거지요. 코로나19 바이러스가 아이들의 행복지수에도 영향을 준 것입니다.

디지털 시대 문해력 키워나가는 법

디지털 시대 문해력을 키워나가기 위해서 우선 아이가 책에 몰입하는 경험을 만들어주어야 합니다. 이때 어려운 책을 선정하지 않아야 합니다. 학교 추천도서나 교과연계 도서도 잠시 내려놓도록 합시다. 아이가 관심 있어 하는 주제를 선정해야 합니다. 함께 서점에 가서 아이가 원하는 책을 고르게 해 주세요. 문해력을 기르기 위해서는 책을 싫어하지 않아야 하거든요. 즉, 문해력을 기르는 가장 첫 번째 발걸음은 책에 대한 흥미를 키우는 데 있습니다. 책에 흥미를 붙이고, 관심사를 확장할 수 있도록 해야 합니다. 두 번째로는 책을 읽어주세요. 저학년 때만 읽어주는 게 아니라 고학년이어도 아이가 원할 때 읽어주시는 게 좋습니다. 학년이 올라가면서 책은 지겨운 것, 숙제의 의미가 커지면 안 되기 때문에 책 읽기가 자연스럽게 되도록 최대한 많이 읽어주세요. 세 번째로는 함께 읽은 책의 내용에 대해 잠시 이야기를 나눠주세요. 책의 간단한 소감을 이야기해도 좋고, 몰랐던 어휘나 내용을 이야기 나눠도 됩니다. 책에서 주제를 찾아 글쓰기를 해도 됩니다. 예를 들어 『꽃들에게 희망을』이라는 책을 읽어주고 나서 "인생에서 자기 자신을 찾는 것은 어떤 의미일까?", "성공을 향해 달려가는 방향, 속도, 방법이 적절했나?" 등의 주제를 주고, 철학적인 글쓰기를 할 수도 있습니다. 짧은 문장, 쉬운 어휘 등을 반복적으로 연습하며 문해력을 키워보세요.

아이들이 살아갈 세상은 성공의 길도 다양하고, 지식을 많이 습득하는 것만이 중요한 세상은 아닙니다. 더욱이 디지털 기술의 습득이 중요한 것은 아닙니다. 디지털 기술 습득 능력은 아이들이 더 뛰어납니다. 예전에는 어른이 되어 배울 수 있는 지식과 아이일 때 배우는 지식의 구분이 있었지만, 지금은 아이들도 디지털 기술을 이용하여 유튜브 크리에이터가 되거나 게임을 만들고, 블로그를 운영할 수도 있습니다. 이런 시기이므로 지금 기술을 배우고 나중에 뭔가를 하는 게 아니라 배우면서 동시에 디지털 기술을 읽는 디지털 문해력을 키울 수 있도록 도와야 합니다. 아이들 스스로 디지털 세상에서 원하는 게 어떤 것인지 알게 하고, 디지털 문해력을 키울 수 있도록 아이를 믿고 존중해주어야 합니다.

5.

아이의
문해력을
키우는 키워드

문해력이 화두입니다. 문해력이란 사회 문화적 환경에서 새로운 정보를 받아들이고 생활 속 문제를 해결하는 능력을 뜻합니다. 문해력이 낮으면 개인적이고 사회적인 과제를 이해할 수 없고, 개인에게는 학업 성적과 성인에게는 삶의 질로 연결되기까지 합니다. 2014년 국가평생교육진흥원이 실시한 성인 문해 능력 조사를 보면 문해력과 소득수준의 상관성이 확인됩니다. 월 가구 소득과 문해력 테스트 결과를 비교한 결과 월 가구 소득 100만 원 미만은 평균 40.8점, 100~299만 원은 72.8점, 300~499만 원은 85.8점, 500만 원은 90점 이상으로 나타났습니다. 이는 경제협력개발기구(OECD)가 2013년 발표한 국제성인역량조사

(PIAAC 16~65세 대상)에서도 드러났습니다. 이 결과에 따르면 가장 높은 문해력 수준을 갖춘 사람들이 최하위 수준 대비 평균 시급은 60% 이상, 취업 가능성은 2배 이상 높았습니다. 물론 책을 읽는다고 소득수준이 높아지는 것도 아니고, 힘든 상황의 원인이 문해력이 낮기 때문은 아닙니다. 하지만 문해력이 중요하다는 이야기인 것만은 분명합니다. 그렇다면 문해력은 어떻게 길러야 할까요?

왜 문해력이 중요한가?

책만 읽는다고 문해력이 길러지는 건 아닙니다. 문해력을 키우기 위한 습관적인 행동을 함께 하는 게 좋습니다. 아이가 한글을 익히기 전 그림책을 읽어주면서 내용에 맞는 그림을 알려 주거나 그림을 설명해주었습니다. 아이들이 등장인물의 마음과 표정을 이해할 수 있도록 짚어주었습니다.

권정생 작가님의 『강아지똥』을 함께 읽으며, 흙덩이가 강아지똥 보고 "똥을 똥이라 않고 그럼 뭐라 부르니? 넌 똥 중에서도 가장 더러운 개똥이야!", "강아지똥아 내가 잘못했어. 정말은 내가 너보다 더 흉측하고 더러울지 몰라."라는 장면에서 흙덩이의 표정을 보고, 흙덩이가 왜 속상해하는지 마음을 짐작해볼 수 있습니다. 이때 "흉측하다"라는 어휘의 뜻을 알려주고, "징그럽다"와 비슷한 의미라는 것도 알려주었습니다. 비슷한 말, 유사어를 알려주는 건데 이때 아이에게 가르쳐주는 형태가 아니라 함께 이야기 나누는 분위기를 만들었던 게 중요했던 것 같습니다.

문해력이란 어휘가 기반이 되어야 합니다. 개념어에는 한자어가 많으므로 한자어의 뜻을 잘 익히며 책을 읽는 것도 필요합니다. 문해력은 자신이 아는 어휘를 활용하는 능력이기도 합니다. 엄마와 함께 책을 읽으며 어휘의 뜻을 익히고 아이가 자신이 활용하여 표현할 수 있다면 아이는 어휘를 습득하게 된 것입니다. 문해력이 중요한 이유는 초등 시기 쌓아온 습관이 중·고등 시기와 성인이 되었을 때 기반이 되어주기 때문입니다. 또, 글을 읽을 수는 있으나 뜻은 이해하지 못하는 실질적인 문맹이 늘어났고, 우리 아이들이 디지털 원주민으로 자라나고 있기 때문입니다. 디지털 원주민들은 엄마 세대와는 다르게 디지털 환경에 노출되어 있다 보니 많은 인지적 노력을 하지 않아도 정보 검색이나 습득에서 어려움을 겪지 않습니다. 때문에 굳이 책을 통해서 정보를 익혀야 하는 필요성에 의문을 가지기 때문입니다. 문해력은 공부를 위한 도구라고도 할 수 있습니다. 책을 잘 읽기 위한 목적이 공부를 잘하기 위함은 아니지만, 공부를 잘하기 위해서는 책을 잘 읽는 문해력이 뒷받침되어야 합니다.

초등 시기 엄마와 함께 문해력을 높이자

특히 초등 시기의 문해력이 중요합니다. 문해력이 좋은 아이들은 학교 수업 시간에도 집중을 잘하게 되고, 교과서도 잘 읽게 됩니다. 그러나 문해력이 부족하게 되면 교과서의 내용이 어려워지고 선생님 말씀에 집중하지 못하게 됩니다. 초등 저학년 때는 학습 격차가 눈에 띄지 않더라도 고학년에 올라가면 점점 학습 자신감이 떨어지게 됩니다.

고학년으로 올라갈수록 국어 과목 외에 사회, 과학 과목에서 한자어가 많이 나오면서 모르는 어휘가 늘어납니다. 선생님 설명을 들을 때 모르는 어휘가 있으면 이해를 하지 못하게 됩니다. 어휘의 의미를 바탕으로 해서 추론이 이루어지는 경우가 많은데 추론 능력이 떨어지니 교과서를 읽는 데 어려움이 발생하게 되는 것이지요.

책을 많이 읽으면 저절로 공부를 잘하게 되는 게 아닌 것처럼 문해력도 알아서 올라가는 건 아닙니다. 여러 권을 읽거나 다독을 목표로 하게 되면 대충 읽는 것이 습관화되는 안 좋은 점이 발생하기도 합니다. 한 권을 읽더라도 책에서 나온 어휘를 제대로 살펴보고, 주제를 파악하면서 읽는 것이 문해력 향상에 도움이 됩니다. 독서 감상문을 쓸 때 줄거리만 쓰는 아이들이 있습니다. 그런 아이들에게 줄거리만 쓰지 않고, 생각과 느낌을 쓰라고 이야기를 해주는데, 그렇다고 해서 책을 읽고 나서 생각이나 감상만을 표현하면 안 됩니다. 책을 읽을 때는 사실적 이해가 가장 중요하기 때문입니다. 책에서 이야기하고자 하는 내용을 정확하게 이해를 해야 하기 때문이지요. 문해력은 책의 내용을 더 쉽게 이해할 수 있도록 도와줍니다.

재미있는 책을 읽다 보면 좋아하는 작가도 생기고, 좋아하는 과목도 생기게 되며, 다른 친구가 읽는 책도 관심이 생기게 됩니다. 조금 어려운 책을 읽는 것도 괜찮습니다. 쉬운 책을 통해 자신감을 얻는 것도 중요하지만 자신의 수준보다 어려운 책을 읽어 문해력을 상승시킬 수도 있기 때문이지요. 엄마 또는 교사가 아이들을 도와주기만 한다면 초등 시기의 문해력은 상승시킬 수 있습니다. 6.25 전쟁의 일화를 다룬 『그 여름의 덤더디』를 함께 읽으면서 인민군과 같은 어휘를 추론하기도 하였습니다. 초등 시기 아이의 문해력은 엄마 또는 교사의 도움으로 성장할 수 있습니다.

아이의 문해력 수준은 어떠한가?

저희 집 아이들은 유명한 전집 시리즈를 다 읽은 것도 아니고, 매일 책탑 쌓기를 높게 하며 다량의 책을 읽는 아이들도 아닙니다. 그러나 『서바이벌 과학 만화 살아남기 시리즈』, 『세계 도시 탐험 보물찾기 시리즈』, 『흔한 남매』 같은 만화책을 좋아하는 아이들이기도 하지만 그와 동시에 책을 좋아하는 아이들로 성장하고 있다고 믿고 있습니다. 아이들이 엄마를 따라 하고 있기 때문이지요. 다독가인 아이들은 아니지만 스스로 책을 좋아한다고 말을 합니다. 책을 읽으면서 기분이 좋고, 다른 사람에게 추천해 줄 책을 몇 권 정도는 알고 있습니다. 책을 읽으면서 자존감이라는 성과를 얻고 있습니다.

책을 좋아하는 아이들로 크고 있는 이유는 책이 일상에서 놀이처럼, 생활화되어 있기 때문입니다. 어렸을 때는 의성어, 의태어를 활용한 놀이를 하였고, 엄마의 목소리로 그림책 속 소리와 모양들을 전달하였습니다. 그림책 속에는 실감 나는 표현들이 많이 있습니다. 강조하고 반복되는 말들을 재밌게 읽고, 직접 흉내 내었습니다. 재미있게 놀이하는 수준이었지만 이러한 활동들이 유아기에 언어 구조를 만드는 데 도움을 주었던 것 같습니다. 지금도 여전히 문해력을 높이기 위해 노력하고 있습니다.

앞으로는 더욱 독서와 글쓰기가 중요합니다. 다른 누군가를 존중하는 정신, 딱한 처지에 놓인 누군가를 불쌍히 여길 줄 아는 마음, 그것이 엄마표 문해력의 핵심입니다. 초등 때 문해력을 키우는 활동을 지속하여 책을 읽고, 이해하며 삶에 반영하여 자신을 의견을 적절하게 표현함으로써 앞으로 미래 사회에서 마주하게 될 여러 가지 선택에 올바른 역할을 하면 좋겠습니다.

6.

삶의 가치를
알려주는
엄마표 문해력

"엄마는 꿈이 뭐예요?"

둘째 아이는 자신의 꿈인 화가, 작가, 유튜브 크리에이터를 이야기하면서 엄마의 꿈을 자주 물었습니다. 그러나 일하는 엄마가 닥친 현실에 꿈은 작은 조각조차 남기지 않았습니다. 아이를 낳기 전에 어떠한 꿈을 꾸었는지 기억이 가물가물했습니다. 그때 꾸었던 꿈과 동떨어진 모습으로 살고 있었습니다. 하루하루 닥친 현실에만 급급하게 살아가는 나의 모습은 초라해 보였습니다.

다시 꿈을 꾸다

다시 꿈을 꾸었습니다. 불안한 현실에서 벗어나기 위해 발버둥 치는 꿈이 아니라 치열하게 살면서도 희망적인 꿈을 꾸고 싶었습니다. 저의 꿈은 책을 읽고, 아이들을 가르치고, 글을 쓰는 것입니다. 엄마의 뒷모습을 보면서 아이들도 꿈을 꾸게 되기를 바랍니다. 엄마가 본보기를 보이고, 아이는 엄마를 보면서 자신의 꿈을 생각하는 모습은 떠올리기만 해도 기분이 좋았습니다.

"엄마가 좋아하는 일은 뭐예요?"

제가 좋아하는 일은 배우는 일이었습니다. 새로운 것을 배울 때마다 재밌었습니다. 배우는 속도가 느리긴 해도 성취했다는 뿌듯한 감정이 좋았습니다. 배운 것에 대해 나눠 주고 싶었습니다.

집이 일터다 보니 그 시간 동안에는 아이가 혼자 방에 있는 편입니다. 그러다 보면 방도 어지럽히기도 하고, 엄마의 바람대로 하지 않을 때가 더 많습니다. 엄마가 내준 숙제를 하거나 혼자 책을 읽으면서 시간을 보내기를 바라는 건 엄마의 소원일 뿐이었습니다. 여러 번의 반성의 시간, 시행착오를 거치며 아이에게 직접 뭔가를 지시하는 것보다는 아이와 약속을 하였습니다. 또 아이의 마음을 이해해보았습니다. 엄마가 건너편 방에서 일하는 시간에 아이는 함께 하고 싶은 마음이 크다는 걸요.

약속대로 지켜야 한다는 본보기를 보여주고 싶었습니다. 아이의 마음 속에 엄마가 본보기로서 자리 잡는다면 화를 내지 않고도 엄마의 마음을 전달할 수 있겠다고 생각했습니다. 본보기는 거창하지 않았습니다. "엄마가 일하는 동안 잘 기다려줘. 수업이 끝나면 같이 저녁 준비를 하자.", "엄마가 하고 싶은 어떤 일이 있는데, 두 시간 동안 엄마를 기다려주면 그다음에는 엄마가 너와 시간을 보낼게. 그때 엄마와 종이접기를 하자.", "엄마가 한 시간 동안 강의를 들을 거야. 그때 너는 예쁜 글씨 쓰기를 해 보면 어때? 끝나고 나서 같이 책 읽자." 엄마와 사부작사부작 뭔가를 만드는 것을 좋아하는 아이들에게 아이의 꿈을 키우고, 엄마는 엄마의 꿈대로 배우고 공부를 하는 시간을 이어 갔습니다. 약속을 가르치고 싶다면 약속을 지키면 되었습니다. 엄마가 지시만 한다면 아이와 엄마는 의존적 관계가 될 겁니다. 그럴수록 엄마도 아이도 지칩니다. 약속을 지키는 과정을 여러 번 거치다 보니 이제 엄마가 일하는 시간에 엄마의 바지를 잡지 않습니다. 엄마가 일하거나 무언가를 배우는 시간에 아이는 아이가 하고 싶은 것 또는 해야 할 일을 하도록 약속을 하였습니다. 그 일이 끝났을 때 엄마와의 약속도 정했습니다. 엄마 행복에 충실하게 시간을 보내면서 아이와의 약속을 지켰더니 아이도 엄마의 꿈을 응원하기 시작했습니다.

아이들은 엄마와 함께 책을 고르고, 책을 읽은 후에는 이야기를 나누고 기록을 하고 있습니다. "오늘은 눈사람 종이접기를 해볼까?"라고 엄마가 해보고 싶은 것을 이야기 꺼냈습니다. 그러면 겨울과 눈사람에 관한 책을 꺼내 와서 함께 읽습니다. 우리는 이제 한 팀이 된 것 같습니다. 아이들의 꿈에 작곡가와 작가가 추가되었습니다. "저는 작곡가가 꿈이에요.", "엄마도 꿈이 작가이고, 저도 꿈이 작가예요. 근데 저는 작가 말고도 다른 것도 하고 싶어요."

엄마가 꿈을 가지면 아이들은 엄마의 꿈을 지켜봅니다. 꿈이 제대로 된 길인지는 정답이 없습니다. 꿈을 향해 걷다 보면 갈래가 나올 것이고, 걷다 보면 그 길을 되돌아가기도 할 것입니다. 하지만 걸어가는 과정을 아이들이 지켜볼 것입니다.

읽고 쓰기의 가치를 정하다

넷플릭스의 〈오징어 게임〉이라는 드라마는 우리 사회의 벼랑 끝에 몰린 사람들에 대한 내용이었습니다. 죽느냐, 사느냐를 선택하는 게임이 마음 편하게 다가오지 않았습니다. 삶을 선택하는 것은 자신만은 아닙니다. 세상의 조건과 기준, 어쩔 수 없이 선택해야 하는 몫이 있습니다. 하지만 삶 속에서 가치를 찾는 것은 자신이 오롯이 할 수 있을 겁니다. 저는 읽고 쓰는 것에서 삶의 가치를 찾을 수 있었습니다. 어느 날 아이와 함께 읽은 그림책 한 권으로 마음이 움직이기도 했고, 작은 성장 이야기를 담은 글 한 편으로 가슴이 두근거리기도 하였습니다.

'책을 읽으면 다른 삶을 살 수 있겠구나! 글을 써서 마음을 표현할 수 있구나!'

집에서도 읽고 쓰는 가치를 전해줄 수 있습니다. 엄마표로 문해력을 키우기 위한 다양한 방법을 가정에서 할 수 있습니다. 읽고 쓰는 가치를 높이는 것은 다른 사람의 아픔을 이해하며 성장하는 힘을 갖는 것이며, 이는 문해력을 통해서 키울 수 있습니다. 문해력이 일상생활에서 올바른 판단을 하고, 사고를 할 수 있는 수단이 되는 것입니다. 엄마의 마음이 전해지도록 환경을 만들어주고, 주기적으로 재미있는 책을 아이 앞에 건네주면 됩니다. 엄마가 읽어주기에도, 아이가 읽기에도 부담 없는 양으로 매일 읽기를 했습니다. 대화를 나누었습니다. 그리고 짧은 글쓰기를 했습니다.

아이들이 책을 꺼내서 읽고, 스스로 책을 좋아하는 아이라고 이야기를 하는 것은 부모님의 도움이 필요합니다. 독서 교실에 오는 아이들은 이미 책을 좋아해서 글을 잘 쓰는 아이가 되는 것을 목적으로 오기도 하고, 책을 너무 싫어해서 책 읽는 습관을 만들기 위해서 오기도 하였습니다. 두 경우 모두 처음 시작은 책을 읽으면서 조금 변화되리라 기대합니다. 수업 전에 부모님께 문자를 보내서 어떤 책을 읽어야 하는지 안내를 하고 있습니다. 아이가 독서 교실에 오기 전에 책을 제대로 잘 읽고 오는지 가정에서도 확인이 되기를 바라기 때문입니다. 수업 중에는 아이가 책의 내용을 잘 이해했는지 이야기를 나누고, 생각을 끌어내서 글쓰기를 합니다. 수업이 끝난 후에는 아이가 쓴 글을 피드백하며, 부족한 어휘나 내용 이해를 추가로 하도록 이야기를 해주고 있습니다. 책을 좋아하지 않는 3학년 아이가 있었습니다. 오후 수업, 아이가 교실에 오고 저는 질문을 던지고 아이는 책을 찾아 대답했습니다. 일주일에 책 한 권을 제대로 읽게 하고 싶었습니다. 아이가 수업 시간에 책 속 문장을 기억해서 이야기하거나 책을 뒤적이며, 생각을 덧붙일 때 칭찬을 많이 해주었습니다. 독서 교실에 즐겁고 편안하게 오면 좋겠다고 생각했습니다. 3학년이었던 아이는 고학년이 되자 서서히 책에 대한 자신감이 늘었습니다. 독서 교실에서 함께 읽은 책을 학교에서 봤다면서 반가워하기도 했고, 학교에서 배운 내용을 독서 교실에 와서 자랑하기도 하였습니다. 가정에서 아이의 독서를 도와주었고, 독서 교실에서 도와주기도 하였습니다. 줄넘기의 양손잡이처럼 같은 속도로 줄넘기를 돌려야 아이가 뛰어넘을 수 있었습니다. 부모와 교사가 협력한 셈입니다.

아이가 지금 당장 책을 잘 안 읽어도 아이를 기다려주면 됩니다. 부모가 직접적으로 도움을 주기가 어려운 상황도 있을 겁니다. 하지만 엄마나 부모가 집에서 책을 읽거나 책과 가까이 하는 모습을 보여주면 아이의 마음속에 엄마의 모습이 들어가게 됩니다. '엄마가 책을 좋아하는구나. 지금은 안 읽더라도 어른이 되면 나도 읽어야지.'라는 마음이라도 들게 됩니다. 아이의 마음에 책이 들어앉을 겁니다. 환경 역시 아이가 책을 읽는 것에 영향을 미치는 것입니다. 책에 대한 가치는 사소해 보이지만 중요합니다.

　삶은 선택하는 게 아닐 수도 있습니다. 하지만 가치관을 정하고, 어떤 것이 소중하고 우선순위인지 파악하는 것은 할 수 있습니다. 저는 책을 중심에 두었습니다. 책이라는 가치를 우선순위로 두었기에 다른 무언가를 선택할 때 도움이 되었습니다. 책의 가치로 다른 사람을 조금이라도 도울 수 있다면 삶은 의미가 있을 겁니다. 문해력을 키우는 것 또한 아이가 세상을 좀 더 잘 살아가도록 하기 위해서입니다. 아이들이 책을 통해 성장하며, 삶의 가치를 찾아간다면 더할 나위가 없을 것 같습니다.

초등 시기를 지나 중·고등 시기에도 책을 읽어나간 아이들은 성인이 되어서도 책을 잘 읽을 수 있습니다. 대학교 입시나 성적만을 위해 책을 읽는 건 아닙니다. 성인이 되어 높은 문해력을 바탕으로 일을 성과 있게 잘하며, 다른 사람들과 의사소통을 원활히 하면서 자신이 원하는 삶을 살도록 하는 것이 목표입니다.

책을 도구로 삼았습니다. 책을 읽으며 엄마인 저는 어떤 꿈을 꾸어야 할지 '나만의 꿈 목록'을 정리했습니다. 첫째, 엄마표로 문해력을 높여 세상을 바라보는 눈을 키워주고 싶었습니다. 아이들이 책 읽기를 즐기며, 스스로 생각하는 힘을 가지기를 바랍니다. 책 속에 들어있는 배경 지식만 습득하는 게 아니라 머릿속 그림을 만들어가는 것이 중요했습니다. 문해력을 높여 다른 사람의 마음이나 상황을 잘 이해해서 세상 속에서 생각을 잘 펼치기를 바랍니다. 둘째, 엄마도 책을 읽고 배우며 성장해야 합니다. 아이와 함께 읽고 질문을 만들기도 하며, 책 속의 이야기를 함께 나누는 어른이 되고 싶습니다. 셋째, 책의 가치를 전달하여 다른 사람의 변화를 도와야 합니다. 독서 논술 교사로서 아이들을 도와주고, 독서코치로 엄마들의 성장도 도와주고 싶습니다. 넷째, 책을 읽고 배운 내용을 글로 표현해야 합니다. 요즘은 글쓰기의 시대라고 합니다. 아이들의 글쓰기를 지도하면서 엄마도, 아이도 함께 글을 쓸 수 있으면 좋겠습니다.

책을 도구로 삼기 위해서는 두 가지 전제 조건이 필요했습니다. 첫 번째는 바로 "마음"입니다. 아이들과 마음으로 연결되지 않은 상태에서 억지로 책을 읽게 하면 지속하지 못합니다. 이는 책을 읽고도 남는 게 없게 됩니다. 조금도 개운하지 않은 찜찜한 마음이 됩니다. 다니엘 페나크가 쓴 『소설처럼』에는 책을 읽지 않을 권리에 관한 내용이 나옵니다. 아이들이 책을 읽지 않을 권리가 있다는 것을 생각하며 강제로 책을 들이밀지는 않겠다고 다짐했습니다.

1. 책을 읽지 않을 권리
2. 건너뛰며 읽을 권리
3. 끝까지 읽지 않을 권리
4. 아무 책이나 읽을 권리
5. 군데군데 골라 읽을 권리
6. 읽고 나서 아무 말도 하지 않을 권리

책을 선택할 때 무엇보다도 아이의 마음을 잘 살폈습니다. 아이가 좋아하는 분야의 책은 무엇인지, 어떤 그림을 좋아하는지, 어떤 내용은 싫어하는지 골라서 그 안에서 아이가 선택하도록 했습니다. 두 번째, "부모의 역할"이 잘 뒷받침될 때 책을 도구로 삼는 게 수월합니다. 지시형 부모가 되기보다는 편안한 부모, 억압적인 가정이 되기보다는 안식처가 되는 가정을 이루고 싶었습니다. 아이에게 뭔가를 바라기보다 있는 그대로의 아이를 인정하며 아이를 낯설게 바라보았습니다. 아이들이 유아 시기에는 세상의 모든 것이 호기심에 가득 차 보였을 겁니다. 하지만 학년이 올라갈수록 아이들은 불안을 습득하고 체념을 배우는 것 같았습니다. 반짝거리던 눈에 힘이 풀리고, 다른 곳에 정신이 팔린 듯했습니다. 자신의 문제를 부모 탓으로 돌리기도 하였지요. 좋은 부모가 되고 싶었습니다. 좋은 부모는 부모의 역할을 잘 알아야 합니다. 아이는 자신의 몫을 가지고 태어났습니다. 부모로서 도움을 주는 것은 당연하지만 아이가 혼자 할 수 있는 것을 더 많이 제공하려고 했습니다. 자발적으로 해야 아이도 성장할 겁니다. 그렇기 위해서는 우선 아이가 자유롭게 선택하게 했습니다. 책을 선택할 때도 학원을 선택할 때도, 친구와 노는 것을 선택할 때도 아이가 많은 것을 선택하도록 했습니다. 다음으로는 직접 도와주는 것보다는 아이를 믿었습니다. 아이가 선택한 것을 직접 해보는 과정에서 실패가 있더라도 직접 해결하도록 아이를 믿어주었습니다. 부모로서 직접 보여주기도 하였습니다. 책을 읽으라고 말만 하지 않고 엄마는 엄마의 책을 읽었습니다. 그리고 목표를 세우도록 했고 결과를 측정하였습니다. 몇 권의 책을 읽을 것인지, 방학 동안 어떤 종류의 책을 읽고 싶은지 계획을 세우면 훨씬 방학이 보람되게 느껴졌습니다. 하루 한 권 꾸준히 책 읽는 시간을 이어갔고 책 읽은 내용에 대해 한 마디 대화를 나누었습니다. 글을 쓸 때는 주인공의 행동에 관한 생각을 한 문장으로 쓰는 것부터 하였습니다. 글을 쓰기 힘든 날에는 주인공 이름만 쓰는 날도 있었습니다. 제일 중요한 건 매일 하는 것입니다. 책 읽기를 통해 아이가 얻는 것은 배경 지식이 아니라 엄마와 함께 하는 시간이었습니다. 책을 읽고 엄마와 대화를 나눠 가는 일상이 독서 습관을 만들었습니다.

아이들이 문해력이 높게 잘 성장하기를 바랍니다. 바른 마음을 가지고, 넓은 생각을 할 수 있는 눈을 키우며, 다른 사람을 깊이 있게 이해하는 사람이 되었으면 합니다. 책을 읽어주면서 책의 내용뿐만 아니라 엄마의 사랑도 전달되기를 바랐습니다. 아이를 키우는 데는 정답이 없습니다. 다른 집의 아이와 우리 아이가 같지 않고, 어제의 아이와 오늘의 아이도 다릅니다. 다만 엄마와 책을 읽으며 함께 했던 순간의 기쁜 마음이 아이의 마음속에 간직되길 바랍니다. 책을 통해 배우며, 문해력을 가지고 세상을 이해하며 살기를 바라고 있습니다. 아이들은 순간의 존재로 빛이 납니다. 숙제처럼 책을 읽지 않고 책을 친구처럼 대하였으면 좋겠습니다. 엄마가 시켜서 억지로 읽는 것이 아니라, 자신이 좋아하는 주제와 내용을 찾아서 읽도록 응원해주고 싶었습니다.

이 책을 읽고 자녀의 독서 때문에 걱정이 많으신 분들이 도움을 받으시면 좋겠어요. 워킹맘이어서 힘이 들고, 아이들을 돌보는 데 어려움이 있어서 힘들다고 하신다면 조금 천천히 책과 친해질 수 있는 시간을 만들어주세요. 무조건 밤늦은 시간까지 책을 읽어주거나, 학년별 책으로 책장을 채우며 엄마의 시간과 비용을 투자하는 것을 의미하는 것은 아닙니다. 아이의 속도를 따라가고, 아이에게 맞는 방향대로 하면 됩니다. 아이마다 관심 있어 하는 주제가 다 다르고, 아이의 성향도 다르므로 한 가지의 방법만 있는 것은 아닙니다.

아이를 있는 그대로 바라봐 주고, 책을 읽을 수 있는 시간을 확보해주세요. 빡빡하게 일정이 짜여 있는 상태에서 하루 중에 책 읽을 시간이라고는 없다면 책을 좋아하게 되기가 어려워요. 자연스러운 독서 환경을 만들어주세요. 책을 읽는 것이 어색하거나 부담스럽지 않아야 합니다. 아이와 함께 읽는 책과 아이와 나눈 대화는 숙제의 결과물이 아니라 아이와 엄마의 소중한 추억이 되기도 합니다. 아이가 어른이 되어서도 엄마와 나눈 대화를 떠올리며 그때의 추억을 되새겨보면 좋겠습니다. 아이들에게 물려줄 유산 중 독서 습관을 남겨주세요.

아이들과 함께 책을 읽고, 독서 환경을 만들고, 아이가 좋아하는 주제를 찾아주세요. 부모가 책을 읽는 모습을 보여주는 것도 좋은 방법입니다. 독서 습관이 장착된 아이들은 스스로 공부할 수 있고, 새로운 내용을 배우는 데 두려움이 없습니다. 지금 당장은 변화하지 않는다고 느껴지시더라도 바로 오늘부터 아이와 함께 책을 읽어보세요. 아이는 부모의 사랑과 믿음으로 책을 좋아하는 아이로 성장하고 있을 겁니다. 책은 엄마와 아이들을 앞으로 나아가게 만드는 원동력입니다.

지금 아이의 눈을 바라보고, 아이가 원하는 책을 함께 읽는다면 이미 최고의 엄마표 문해력 수업을 하고 계시는 겁니다. 좋은 부모는 아이의 말을 경청하고, 함께 책을 읽으며, 엄마도 열심히 사는 모습을 보여주는 모습일 겁니다. 아이들과 함께 책을 읽고 있어서 행복합니다. 제가 경험한 내용이 누군가에게 도움이 될지도 모른다는 생각으로 이 책을 쓰게 되었습니다. 이 책을 쓰며, 두 아이 어렸을 때부터 지금까지의 일이 그림처럼 스쳐지나갔습니다. 책에 대해 고민했던 일들, 책을 잘 읽게 하고 싶은 마음이 계속 성장해 왔습니다. 이 책이 엄마표 문해력과 독서 교육을 고민하는 부모님들께 작은 도움이 되시기를 바랍니다. 모든 책을 다 잘 읽어야 한다는 생각은 하지 않으셨으면 합니다. 골고루 읽되 아이가 좋아하는 책을 읽게하는 게 가장 좋습니다. 초등학교 시기는 한 번밖에 없는 소중한 시기입니다. 이 시기 독서 습관이 평생의 밑거름이 되어줄 것입니다. 아이들이 문해력을 갖추고 미래 세상에서 자신의 능력을 활짝 펼치면 좋겠습니다.

끝으로 언제나 저를 지지해주는 엄마, 하늘나라에서 지켜보고 계실 아버지, 멀리서 응원해주시는 시부모님, 무엇을 해도 나를 믿어주는 남편, 사랑하는 엄마라고 불러주어서 엄마로서의 행복을 알게 해주는 첫째 서준이와 둘째 서우에게 무한의 고마움을 전합니다. 가족이 있기에 힘을 낼 수 있었습니다.

부록

1. 자주 궁금한 Q&A

Q1. 아이가 학습만화만 좋아해요.

최근에 학습만화는 아이와 부모에게 인기 있는 아이템이 되었습니다. 아이에게는 줄글 책보다 재미있다는 이유가 있고, 부모에게는 학습만화를 통해서 배경 지식을 얻게 될 것이라는 기대감이 있기 때문이지요. 아이들이 줄글 책보다 학습만화를 더 좋아하는 이유는 글이 짧고, 대화체에서 아이들이 재미있어 하는 요소가 많이 들어가 있으며, 그림이 주는 웃음이 있기 때문입니다. 또, 학습만화의 최대 장점으로는 책을 좋아하지 않는 아이도 읽는다는 점입니다. 시각적인 이미지로 풀어가니 줄글보다 전달이 잘 되기 때문입니다. 따라서 학습만화를 선택할 때는 유익한 내용이 있는 것으로 골라서 아이에게 재미있는 책이면서 도움도 주는 것으로 해야 합니다.

학습만화는 모르는 사실을 쉽게 알게 해주는 장점도 있습니다. 과학, 역사 등에 관심이 있는 친구들은 배경 지식을 얻을 수 있습니다. 특히 역사 학습만화는 재미있고, 쉽게 읽을 수 있다는 장점이 있지요. 하지만 역사를 접할 때 만화로만 봐서는 안 되고, 만화와 줄글 책을 함께 활용해야 합니다. 복잡하고 딱딱하게 느껴지는 역사적 사실을 재미있는 만화로 함께 접하되 줄글 책도 꼭 함께 읽는 걸 추천합니다.

과학 학습만화는 전집 형태로 구입을 많이 하는 편입니다. 과학 학습만화의 경우 아이가 흥미를 느끼는 분야의 책을 몇 권 먼저 읽어보고 관심 있어 하는 분야로 구매하는 것이 좋습니다. 전집 형태로 집에 있다면 안 읽는 책이 있을 수 있기 때문입니다.

과학 학습만화를 읽을 때도 관련된 교과서 내용이나 지식 정보책을 함께 읽는 것이 좋습니다. 학습만화로 배경 지식을 쌓는다고 생각하는 경우도 있지만, 학습만화는 단편적인 지식이 나열식으로 접근될 가능성이 크므로 학습만화와 관련된 줄글 책을 함께 읽으면서 내용을 보완해야 합니다. 과학 학습만화를 읽고 나서 모르는 내용은 더 찾아보거나 아이와 대화를 통해 아이가 읽고 느낀 점을 이야기 나눠보는 것이 좋습니다. 따라서 과학 학습만화를 읽게 할 때 학습만화만 읽게 하지 않으면서 전략적으로 읽게 하면 도움이 됩니다.

학습만화로 독서를 대신하지는 않아야 합니다. 학습만화와 줄글 책을 병행하면서 읽도록 추천하고, 학습만화를 읽은 후에도 독서 활동 및 이야기 나누기를 하는 것이 좋습니다. 학습만화는 줄글 책보다 문장이 짧고, 감탄사나 흥미 위주의 이야기체도 많으므로 학습만화만 읽었을 때는 문장력을 키울 수 없으며, 독해력 향상도 되지 않습니다. 게다가 학습만화의 지식 정보는 읽지 않고, 대화체의 페이지만 읽는다면 배경 지식 향상에도 도움이 되지 않습니다. 게다가 학습만화는 글자를 꼼꼼하게 읽지 않고 대충 읽는 습관이 생길 수 있습니다.

아이들이 고학년이 되면 긴 호흡의 글을 읽으면서 정보를 얻고, 재미도 느낄 수 있어야 하는데, 학습만화만 읽는다면 긴 호흡의 글을 연습할 수 없습니다. 구어체 위주의 글만 읽다 보면 비문학 글을 읽는 것을 어려워할 수도 있습니다. 짧은 글을 읽는 데 익숙해지면 긴 글을 읽는 독해력이 부족해집니다. 무엇보다도 한 번 나쁜 습관이 형성되게 되면 다시 되돌리기에 오랜 시간이 걸리게 됩니다. 그러므로 학습만화를 읽더라도 적절한 독서 전략과 계획을 가져야 합니다.

Q2. 책 읽으라는 잔소리 때문에 책과 더 멀어지지 않을까요?

"책 좀 읽어."

잔소리를 듣게 되면 책을 손에 들었다가도 읽기 싫어질 수 있습니다. 아이가 자연스럽게 책을 접하도록 도와주는 게 필요합니다. 책 읽으라고 하면 의외로 아이들은 무슨 책을 읽을지 모르겠다는 반응을 합니다. 책장에 안 읽은 전집이 수두룩한데도 말이지요. 엄마 마음은 타들어 가는 데도 아이는 그 순간 전집을 읽고 싶은 마음이 안 들기 때문입니다. 이때 아이가 읽을 만한 책과 환경을 준비해주면 도움이 됩니다. 책 읽으라고 잔소리하기보다 아이가 읽을 책을 우선 준비해주세요. 다음으로는 아이가 책을 읽을 마음이 들도록 동기 부여해주세요. 보상과 칭찬의 방법을 사용하셔도 좋습니다.

Q3. 그림책에서 문고판으로 넘어가는 방법은 어떻게 해야 할까요?

유아 때는 그림책 위주로 보거나 창작이나 이야기책을 많이 보기 때문에 읽기도 쉽고 분량도 적은 편입니다. 하지만 서서히 문고판으로도 넘어가서 글밥이 많은 책을 읽을 수 있도록 도와주어야 합니다. 엄마들은 아이가 글밥이 많은 책으로 넘어가기를 원하는데 엄마의 바람과는 달리 그림책만 좋아하는 아이들이 많이 있습니다. 문고판으로 넘어간다는 것은 단순히 글밥이 많은 책을 읽는다는 의미는 아닙니다. 우선 조금 긴 글을 읽었을 때 아이가 성취감을 느낄 수 있으니 문고판 책을 넘어갔을 때 장점이 됩니다. 재미나 흥미가 없더라도 끈기를 가지고 끝까지 읽었을 때 성취감을 느낄 수 있거든요. 읽기 연습이 되어 있지 않았거나 어휘력이 부족한 경우에는 엄마가 반 정도는 읽어주는 것도 방법입니다.

문고판을 읽게 되면 좋은 글과 문장을 자주 만나게 되고, 다른 사람을 이해하는 공감 능력도 키울 수 있게 됩니다. 문고판의 문학 이야기를 읽으면서 어떤 마음가짐을 가져야 하는지, 어떤 행동을 해야 하는지 기준을 세우게 됩니다. 문고판을 읽으며 주변의 시선이나 기준에 흔들리지 않으면서 자신만의 기준을 세우고, 자신을 격려하면서 성취감을 느끼는 내용 등을 배우게 됩니다.

초등 1, 2학년은 그림책에서 글밥이 많은 문고판으로 넘어가는 시기입니다. 이 시기를 잘 넘기지 못하면 초등 고학년이 되어도 글밥이 많은 책을 읽기 어려워할 수도 있어요. 그래서 학습만화나 흥미 위주의 책으로만 관심을 돌리게 될 수도 있습니다. 시기는 아이마다 다를 수 있습니다. 다만 아이가 한 권의 책을 완독하면서 성취감을 느끼고, 이야기의 재미를 느낄 수 있도록 도와주시면서 자연스럽게 이끌어주시기를 바랍니다.

Q4. 이야기책은 좋아하는데 지식 정보책은 읽지 않으려고 해요.

아이들이 유아나 초등 저학년 시기에는 이야기 위주의 문학책을 많이 읽는 편입니다. 옛이야기나 명작동화, 창작 동화 등이지요. 지식 정보책이라 하면 비문학을 뜻하며, 역사, 과학, 사회 등 설명문이나 주장하는 글을 의미해요. 아이들은 일반적으로 지식 정보책보다는 이야기책을 더 편하게 느낍니다. 하지만 학교 교과서는 대부분이 비문학이라는 사실을 알고 있나요? 국어는 문학과 비문학이 5:5의 비율이지만, 수학, 사회, 과목은 비문학이 대부분입니다. 교과 과목에서 비문학 읽기를 잘하지 못하면 교과서를 잘 읽지 못하게 됩니다. 따라서 아이들이 어릴 때부터 문학과 비문학을 균형 있게 읽으면서 비문학을 편하게 자주 접해 부담스럽지 않게 해주는 것이 필요합니다.

수학 동화나 과학 동화 등은 이야기 형태를 빌리지만 지식 전달의 형태가 많습니다. 이때 이야기는 이야기대로 전개되고, 지식은 별도의 네모상자 안에 들어있는데, 아이들은 "비문학 동화"라는 것을 읽으면서 지식의 내용은 글밥이 많고 재미가 없다며 안 읽을 수 있습니다. 그렇게 되면 제대로 된 비문학 읽기를 한 것이 아닌 셈이지요.

비문학 읽기를 할 때는 정보에 대해서 잘 전달이 되는지, 아이들이 책을 읽으면서 지식 정보를 배우게 되는지를 살펴봐야 합니다. 이전에 몰랐던 내용을 책을 읽으면서 새롭게 배우게 되면서 재미를 느껴야 합니다. 비문학 읽기의 핵심도 재미를 느끼는 것이 필요합니다. 이때는 새롭게 배우는 재미를 뜻합니다.

아이에게 지식 정보책 읽기를 지도할 때는 쉬운 책부터 시작해야 합니다. 어려운 어휘가 너무 많아서 이해가 되지 않는다면 아이는 책장을 덮거나 다시는 읽으려 하지 않을 것입니다. 정보의 양이 지나치게 많은 건 아닌지도 잘 살펴봐야 합니다. 7세와 초등 1, 2학년은 지식 정보책도 그림책으로 접하는 것이 좋습니다.

Q5. 책을 잘 읽었는지 어떻게 확인을 해야 할까요?

부모들은 아이가 책을 잘 읽었는지 확인하기 위해서 질문을 하는 경우가 많습니다. 독후활동도 그것의 연장선으로 하기도 합니다. 하지만 어른들도 책을 읽고 내용을 질문하면 답변을 못 하는 경우가 있듯이 아이들도 책 내용을 기억하지 못하는 경우가 있습니다. 아이가 책에 대한 답변을 잘하지 못하면 엄마들의 기분이 안 좋아집니다. 그리고 아이들은 엄마들이 화났다고 생각해서 엄마가 책 읽고 질문한다고 하면 도망가게 됩니다.

따라서 책의 내용을 질문하는 활동보다는 아이의 생각을 확장하는 활동이 좋습니다. 질문이 쉬워야 합니다. 책이나 책과 관련된 활동을 재미 삼아 하는 것이 좋습니다. 유아 시기에는 책으로 기차놀이도 하고, 탑도 쌓아보고, 책을 가지고 놀면 도움이 되고요. 즐거운 분위기로 활동을 하게 되면 책과 연계된 활동이 재미있어지고, 책도 좋아하게 됩니다. 초등 시기에는 엄마와 대화를 하는 것이 좋습니다. 등장인물의 이름이 무엇인지, 사건 위주로 질문을 하는 것보다는 가장 인상적인 장면을 찾아보라고 해보세요. 모르겠다고 할 때에는 책에서 페이지를 펼쳐서 찾아보라고 하는 것도 방법입니다.

저는 이야기책은 책의 내지에 포스트잇을 붙여 한 줄 감상평을 적어보게 하는 방법도 쓰고 있고, 지식 정보책의 경우에는 중요한 부분에 밑줄을 긋게 합니다. 모르는 어휘가 있는 경우에는 동그라미를 쳐 보고 어휘 뜻을 찾아보게 합니다. 이러한 흔적이 있으면 잘 읽었다고 봅니다.

하지만 아이들이 책을 읽은 후 반드시 엄마가 확인하는 것으로 인식하게 되면 부담을 느낄 수도 있습니다. 책을 읽고 질문에 답을 하거나 반드시 글을 쓰거나 그림을 그려야 된다면 오히려 책과 멀어지게 될 수도 있습니다. 따라서 즐겁게, 상황에 맞게 활동을 하는 것이 필요합니다.

Q6. 아이가 학원 다녀오면 책 읽는 시간이 부족해요.

고학년이나 중학생이 되면 영어, 수학 학원에 다니는 아이들이 많습니다. 학원 숙제도 어마어마하지요. 숙제를 먼저 하다 보면 책 읽기는 뒷전으로 밀려나기 마련입니다. 학원 숙제가 많을 때도 매일 15분 읽기를 약속처럼 정해두면 도움이 됩니다. 아침에 일어나서 15분으로 해도 되고, 잠자기 전 시간을 활용해도 괜찮습니다. 책상에 앉아서 많이 읽어야 한다는 부담감 때문에 책을 펼치지 못하는 경우가 많습니다. 하루에 15분씩 두 번만 해도 30분을 확보할 수 있습니다. 학교에 책을 들고 다녀도 되고, 아침이나 저녁 시간에 가족과 함께 책 읽는 시간을 정해두시고 매일 책을 읽을 수 있도록 도와주시기 바랍니다.

Q7. 책을 꼭 끝까지 다 읽어야 할까요?

유치원이나 초등 1, 2학년에는 글밥이 많지 않은 책을 읽기 때문에 대부분은 처음부터 끝까지 읽게 됩니다. 하지만 문고판 책으로 넘어가면서부터는 글밥이 늘어나기에 완독을 하지 않고 중단하는 경우가 생깁니다. 이럴 때는 아이가 원하는 책을 선택하게 하고, 같은 시간에 같은 분량을 꾸준히 읽을 수 있도록 계획을 세워주면 좋습니다. 완독 시 성취감이 생기고 자신감이 높아집니다. 매일 기록을 해서 성취감을 맛볼 수 있도록 엄마가 도와주시면 좋습니다. 매일 옆에서 독려해주고, 기록하는 것을 도와주기만 해도 아이가 완독하는 데 큰 도움을 줍니다. 이러한 성취감을 몇 번 맛보게 되면 아이는 그다음 책을 도전하게 됩니다.

Q8. 전집이 좋을까요? 단행본이 좋을까요?

아이가 어릴 때는 전집이 도움이 되기도 합니다. 하지만 어느 정도의 독서 취향이 생긴 뒤에는 아이가 선택할 수 있는 책이 있는 게 더 좋습니다. 역사 시리즈처럼 앞뒤 책의 연관성을 갖는 책은 전집이 도움이 되고, 아이가 관심 있어 하는 분야 예를 들어 과학이나 인물 등에 대한 전집도 추천할만합니다. 하지만 아이의 관심사와 상관없이 주위에서 추천하는 전집은 아이와 맞지 않을 수 있습니다. 이럴 때는 아이에게 전집 중에서 선택하게 하거나 아이가 좋아할 만한 내용부터 읽기를 바랍니다.

전집은 출판사별로 나이와 주제에 맞게 책을 묶어서 판매하므로 책을 한꺼번에 구매할 때 편리합니다. 단행본은 책의 그림을 내용과 맞게 심혈을 기울여 제작하기 때문에 질이 좋고, 그림의 가치가 높은 편입니다. 하지만 책 가격이 비싼 편이며, 어떤 책을 선택해야 할지 잘 모를 때가 많습니다. 유아나 초등 나이에는 전집과 단행본을 5:5의 비율로 적절하게 균형을 맞추는 것이 좋습니다. 전집은 주제별 독서, 예를 들어 과학이나 수학 등의 주제별 독서를 하고 싶을 때 한꺼번에 구매해서 몰입 독서를 할 수 있는 장점이 있고, 단행본은 한 권씩 골라 구매하는 재미가 있습니다. 따라서 전집과 단행본을 골고루 선택해서 아이에게 읽게 해야 합니다. 초등 고학년 시기부터는 단행본의 비율을 늘려가는 게 다양한 독서를 하는 데 도움이 됩니다.

Q9. 책 읽는 것보다 유튜브 영상 보는 것을 더 좋아해요.

유아나 초등 저학년은 텔레비전, 초등 고학년은 스마트폰과 유튜브에 시간을 빼앗기는 경우가 많습니다. 최근에는 초등 저학년 아이들의 스마트폰 사용 시간도 늘어났어요. 디지털 시대에 미디어를 아예 보지 못하게 할 수는 없을 겁니다. 하지만 디지털 기기를 사용하다가도 약속된 시간이 되면 기기 사용을 중단하고 다음 단계로 넘어갈 수 있도록 자기 조절력을 키워주는 것이 필요합니다. 자기조절을 잘하는 아이들이 집중해서 공부에 몰입할 수도 있습니다. 공부할 시간에는 공부하고, 놀 시간에는 노는 것이 필요한 것이지요. 공부할 시간에 유튜브를 몰래 보고, SNS를 하거나, 낙서하면서 다른 생각을 하는 것이 가장 큰 문제이기 때문입니다.

이러한 자기 조절력을 키우기 위해서는 아이가 어렸을 때부터 엄마와의 약속을 실천하는 것, 그리고 통제가 아닌 선택적 실천이 필요합니다. 가능하면 미디어는 최대한 조금, 그리고 늦게 볼 수 있도록 하는 것이 좋다고 생각하지만, 요즘 같은 디지털 시대에는 유튜브 영상에 좋은 것도 많이 있으므로 선택적으로 해야 합니다. 대신에 미디어를 선택해서 시청한 뒤에는 약속된 시간에 중지하는 것을 약속으로 정하고, 실천하도록 해야 합니다.

책을 좋아하던 아이들이 어느 순간 책 읽는 것을 어려워하고, 스마트폰이나 유튜브만 보려고 한다면 아이들이 책을 잘 읽을 수 있는지 확인해봐야 합니다. 독해가 어려운 책을 읽거나 모르는 어휘가 많아서 책을 읽기 어려운데, 그런 책을 자꾸 읽으라고 한다면 자연스럽게 책에 대한 흥미가 떨어지게 되기 때문이지요.

혹시 종이책보다 스마트 기기로 책을 보는 게 더 경제적이라고 생각하시는 분 계신가요? 물론 일부 활용하는 것은 괜찮지만 아이들의 경우에는 전적으로 스마트 기기 독서에만 의존해서는 안 됩니다. 종이책을 읽을 때는 책 페이지를 넘기는 느낌, 책장에서 책을 골라오는 즐거움, 내책이라는 만족감, 책을 소중하게 다루는 마음 등이 포함되어 책을 좋아하는 감정이 자라게 되거든요. 스마트 기기로 책을 읽게 되면 이런 감정을 가질 기회가 사라집니다. 또 초등 시기 동안 스마트 기기로 책을 보게되면 중등, 고등이 되었을 때 종이책을 보는 것은 더욱 어려워질 수 있습니다. 따라서 스마트 기기보다는 종이책의 비중이 훨씬 커야 합니다.

Q10. 책 읽는 척만 하고 잘 읽지를 않아요.

대부분 엄마, 아빠는 아이가 혼자서 책을 읽고 있으면 칭찬을 하게 됩니다. 아이들도 책을 읽으면 칭찬을 받는다는 걸 알고 있습니다. 그래서 책을 자주 들고 다니며 책을 읽는 것처럼 보입니다. 하지만 진짜로 책을 읽는 것인지는 확인을 해보아야 합니다. 이런 경우에는 책을 소리 내어 읽어보게 하는 것이 좋고, 아이가 책이 아니어도 칭찬받을 수 있다는 것을 알게 해야 합니다. 아이들은 엄마의 관심과 사랑을 받고 싶어 하므로 이해가 되지 않는 내용이어도 책을 계속 읽는 경우가 많습니다. 엄마의 관심을 받기 위해서 책을 이용하지는 않도록 잘 살펴보는 것이 좋습니다.

Q11. 한국사 책은 언제부터 읽어주어야 할까요?

한국사 책을 읽히는 시기가 빨라지고 있습니다. 한국사는 초등 교과 과정에서 5학년 2학기에 나옵니다. 초등 입학 전 아이에게는 옛이야기로, 초등 저학년 아이들은 인물을 다룬 이야기책, 초등 고학년 시기에는 지식 정보책의 한국사를 읽으면 좋습니다.

Q12. 아이가 글 쓰는 것을 정말 싫어해요.

글은 매일 쓰는 게 글쓰기 근육을 늘리는 데 가장 좋은 방법입니다. 초등 저학년은 일기 쓰기를 추천하고요. 초등 고학년은 짧은 글쓰기를 추천합니다. 책을 읽은 뒤의 생각을 적거나, 책이나 신문에서 배운 어휘를 이용하여 짧은 글을 짓는 겁니다. 예를 들어 오늘 신문에서 '보복 의지', '우려스럽다', '관측'이라는 어휘를 발견했다면 우선 각 어휘의 뜻을 찾아봅니다. 어휘를 이용하여 나만의 글쓰기를 해보는 겁니다. 친구 관계나 가족 관계에 관한 내용을 쓸 수도 있겠지요. 다음으로는 글 쓰는 방법에 따라 연습을 해보는 것도 좋습니다. 글의 개요표도 짜보고요. 구성과 글쓰기 장르에 맞게 쓰는 것이지요.

Q13. 책을 읽은 다음에 내용이 기억 안 난다고 해요.

책은 깨끗하지 않게 읽는 게 가장 좋습니다. 하지만 이상하게도 아이들이 책을 아낍니다. 책에 밑줄을 그어 오거나 접으라고 이야기를 해주면 거부 반응이 큽니다. 책에 낙서하는 게 세상에서 제일 싫다고도 이야기를 하더라고요. 하지만 책은 지저분하게 읽고 여러 번 읽고 메모해서 읽어야 많이 남습니다. 책을 읽은 다음에 기억이 안 난다고 하는 아이들은 꼭 책에 밑줄을 긋고, 밑줄 그은 옆 빈 공간에서 자신의 생각도 메모해두는 것을 추천합니다. 그림을 그려두어도 좋습니다. 아마도 이 부분은 기억에 남을 확률이 클 겁니다. 다음으로는 책에 관한 짧은 소감을 적어 둡니다. 가장 인상적인 장면, 인상적인 문장 하나만 적어두고, 해당 페이지를 접어두기만 해도 다음에 찾아보기가 쉬울 겁니다.

마지막으로는 인상적인 장면과 인상적인 문장이 왜 인상적이었는지 적어보는 겁니다. 그 장면이 왜 마음에 남는지, 나의 경험과 연결되는 부분이 있는지, 앞으로 내 삶에 어떤 영향을 줄 것 같은지에 대한 내용을 적어보면 도움이 됩니다.

Q14. 서술형 문제 대비는 어떻게 해야 할까요?

최근의 서술형 문제는 복합적 사고력을 요구하는 내용이 많습니다. 단순하게 책의 줄거리나 교훈을 물어보는 것이 아니라 과학적인 내용과 도덕적인 내용을 융합시키는 등이 그렇습니다. 인문학적인 내용과 기술학적인 내용이 융합되는 것이지요. 지문을 잘 이해하고, 두 가지 측면에서 이야기하는 부분을 다 풀어서 써야 합니다. 서술형 문제 대비를 하기 위해서는 교과서 개념 및 학습 활동을 꼼꼼하게 해두어 학습 목표나 뜻을 정확하게 이해하고 있어야 합니다. 자주 출제되는 서술형 문제를 분석하고, 문장의 형식을 갖추어 완성형 문장을 쓰는 연습을 해봐야 합니다. 단답식으로 쓰지 말고 문장 형식을 갖추어 써보는 연습이 필요합니다.

Q15. 중학교에 가더니 책 읽을 시간이 더 없어졌어요

중학교 아이들은 아이마다 상황이 다릅니다. 학원 숙제가 많아서 정말 책을 읽을 시간이 없는 아이가 있고, 책 읽는 습관을 들이지 못해서 책을 안 읽는 아이가 있을 겁니다. 우선 학교에서 나누어주는 추천도서 목록과 고전 도서 목록을 이용해서 아이가 원하는 책의 순서를 정해보세요. 추천도서 목록을 그대로 따라 하기보다 아이가 읽고 싶은 책부터 읽어야 속도가 빠릅니다. 중학생 시기에 독서를 하지 않으면 고등학생 때는 더 읽을 시간이 없습니다.

2. 독서 기록 양식

기본독서

2023년 00월 00일

책의 제목		지은이	
책의 종류		출판사	
책을 읽게 된 동기		줄거리	
주인공에게 배울 점		내가 만약 주인공이라면	
재미있었던 장면			
느낀점			

한 마디 독서록

책의 제목		지은이	
처음에 들었던 생각			
인상적인 부분			
책을 읽은 느낌			

한 줄 독서록

번호	날짜	제목	책을 읽은 느낌

3. 꼭 알아야 할 엄마의 문해력 노트

[국어 어휘]

1. 어휘 : 어떤 일정한 범위 안에서 쓰이는 단어의 수효. 또는 단어의 전체.

2. 문장 : 생각이나 감정을 말과 글로 표현할 때 완결된 내용을 나타내는 최소의 단위.

3. 문단 : 긴 글을 내용에 따라 나눌 때, 하나하나의 짧은 이야기 토막.

4. 중심 문장 : 문단의 핵심 내용이 담겨 있는 문장.

5. 뒷받침 문장 : 중심 문장의 내용을 설명하는 내용이 담겨 있는 문장.

6. 주장 : 자기의 의견이나 주의를 굳게 내세움. 또는 그런 의견이나 주의.

7. 근거 : 어떤 일이나 의논, 의견에 그 근본이 됨. 또는 그런 까닭.

8. 비유 : 어떤 현상이나 사물을 직접 설명하지 아니하고 다른 비슷한 현상이나 사물에 빗대어서 설명하는 일.

9. 직유 : 비슷한 성질이나 모양을 가진 두 사물을 '같이', '처럼', '듯이'와 같은 연결어로 결합하여 직접 비유하는 수사법.

10. 은유 : 사물의 상태나 움직임을 암시적으로 나타내는 수사법.

11. 분류 : 작은 항목을 일정한 기준에 따라 더 큰 항목으로 묶어 설명하는 방법.

12. 구분 : 큰 항목을 더 작은 항목으로 나누어 설명하는 방법.

13. 분석 : 얽혀 있거나 복잡한 것을 풀어서 개별적인 요소나 성질로 나눔.

14. 인과 : 원인과 결과를 이르는 말.

15. 화제 : 글쓴이가 글에서 다루는 소재로 중심이 되는 화제를 중심 화제라고 함.

16. 논제 : 논설이나 논문, 토론 따위의 주제나 제목.

17. 추론 : 이미 알고 있는 정보로부터 새로운 정보를 이끌어 내는 것.

18. 속담 : 사람들의 오랜 생활이나 체험에서 얻어진 생각이나 교훈을 간결하게 나타낸 어구나 문장.

19. 명언 : 사리에 꼭 들어맞는 훌륭한 말이나, 유명인이 한 말 가운데 널리 알려진 말.

20. 관용어 : 둘 이상의 단어로 이루어져 있으면서 특정한 의미로 사용되는 어구.

21. 합성어 : 둘 이상의 실질 형태소가 결합하여 하나의 단어가 된 말. '집안', '돌다리' 따위.

22. 파생어 : 실질 형태소에 접사가 결합하여 하나의 단어가 된 말.

23. 의성어 : 주변에서 들리는 소리를 흉내 낸 말.

24. 의태어 : 움직임이나 상태를 흉내 낸 말.

25. 주제 : 글쓴이가 글을 통해서 나타내고자 하는 중심 생각.

26. 소재 : 글쓴이가 주제를 드러내기 위해 사용하는 글의 재료.

27. 유래 : 사물이나 일이 생겨남. 또는 그 사물이나 일이 생겨난 바.

28. 고사성어 : 옛이야기에서 유래한 것으로 글자 수가 다양함.

29. 사자성어 : 한자 4자로 이루어진 성어.

30. 자음 : 발음할 때 입안에서 장애를 받고 나오는 소리 19개.

31. 모음 : 발음할 때 입 안에서 장애를 받지 않고 나는 소리 21개.

32. 서술자 : 이야기를 전개하는 사람.

33. 시점 : 소설 속에서 인물 및 사건을 바라보는 서술자의 위치.

34. 개연성 : 실제로 일어날 법한 일을 다루는, 문학의 보편성을 가리키는 개념.

35. 복선 : 소설이나 희곡 따위에서, 앞으로 일어날 사건을 미리 독자에게 암시하는 것.

36. 갈등 : 소설이나 희곡에서, 등장인물 사이에 일어나는 대립과 충돌 또는 등장인물과 환경 사이의 모순과 대립.

37. 음운 : 말의 뜻을 구별해 주는 소리의 가장 작은 단위.

38. 음절 : 하나의 종합된 음의 느낌을 주는 말소리의 단위.

39. 어절 : 문장을 구성하고 있는 각각의 마디. 문장 성분의 최소 단위로서 띄어쓰기의 단위.

40. 형태소 : 뜻을 가진 가장 작은 말의 단위.

41. 어근 : 단어를 분석할 때, 실질적 의미를 나타내는 중심이 되는 부분.

42. 접사 : 단독으로 쓰이지 아니하고 항상 다른 어근(語根)이나 단어에 붙어 새로운 단어를 구성하는 부분.

43. 문체 : 문장에 나타나는 특유의 표현방식.

44. 심상 : 시를 읽을 때, 마음 속에 그려지는 감각적인 모습이나 느낌.

45. 운율 : 시를 읽을 때 느껴지는 말의 가락.

46. 시적 화자 : 시에서 작가를 대신하여 말하는 이.

47. 소설 : 사실 또는 작가의 상상력에 바탕을 두고 허구적으로 이야기를 꾸며 나간 산문체의 문학 양식.

48. 풍자 : 문학 작품 따위에서, 현실의 부정적 현상이나 모순 따위를 빗대어 비웃으면서 씀.

49. 해학 : 익살스럽고도 품위가 있는 말이나 행동.

50. 희곡 : 공연을 목적으로 하는 연극의 대본.

51. 시나리오 : 영화를 만들기 위하여 쓴 각본.

52. 주어 : 문장에서 주체가 되는 말로 무엇이, 누가에 해당하는 말.

53. 서술어 : 어떠하다, 어찌하다, 무엇하다와 같이 문장의 주체를 설명하는 성분.

54. 목적어 : 서술어만으로 행위나 동작의 대상을 나타내는 성분으로 무엇을, 누구를 해당하는 말.

55. 보어 : 서술어의 불완전한 상태나 동작을 보충해 주는 성분.

56. 관형어 : 문장에서 어떠한, 무엇의에 해당하는 말로 체언 앞에서 꾸며 주는 말.

57. 부사어 : 문장에서 어떻게, 어찌에 해당하는 말로 용언을 꾸미거나 다른 부사어를 꾸며 주는 말.

58. 독립어 : 문장 중 다른 성분과 직접적인 관련이 없는 말.

59. 동음이의어 : 소리는 같으나 뜻이 다른 단어.

60. 다의어 : 두 가지 이상의 뜻을 가진 단어.

[수학 어휘]

1. 받아올림 : 덧셈 과정을 설명하기 위해 사용되는 용어.

2. 받아내림 : 뺄셈 과정을 설명하기 위해 사용되는 용어.

3. 곱셈 : 몇 개의 수나 식 따위를 곱하여 계산함. 또는 그런 셈.

4. 나눗셈 : 몇 개의 수나 식 따위를 나누어 계산함. 또는 그런 셈.

5. 삼각형 : 세 개의 선분으로 둘러싸인 평면 도형.

6. 사각형 : 네 개의 선분으로 둘러싸인 평면 도형.

7. 원 : 평면 위의 일정한 점에서 같은 거리에 있는 점들의 집합.

8. 꼭짓점 : 각을 이루고 있는 두 변이 만나는 점.

9. 변 : 다각형을 이루는 각 선분.

10. 자연수 : 1부터 시작하여 하나씩 더하여 얻는 수를 통틀어 이르는 말.

11. 분수 : 정수 a를 0이 아닌 정수 b로 나눈 몫을 a/b로 표시한 것.

12. 분자 : 분수 또는 분수식에서, 가로줄 위에 있는 수나 식.

13. 분모 : 분수 또는 분수식에서, 가로줄 아래에 있는 수나 식.

14. 소수 : 1과 그 수 자신 이외의 자연수로는 나눌 수 없는 자연수.

15. 직선 : 두 점 사이를 가장 짧게 연결한 선.

16. 선분 : 직선 위에서 그 위의 두 점에 한정된 부분.

17. 직선 : 두 점 사이를 가장 짧게 연결한 선.

18. 각 : 한 점에서 갈리어 나간 두 직선의 벌어진 정도.

19. 직각 : 두 직선이 만나서 이루는 90도의 각.

20. 예각 : 직각보다 작은 각.

21. 둔각 : 90도보다는 크고 180도보다는 작은 각.

22. 평행 : 두 개의 직선이나 두 개의 평면 또는 직선과 평면이 나란히 있어 아무리 연장하여도 서로 만나지 않음.

23. 원 : 평면 위의 일정한 점에서 같은 거리에 있는 점들의 집합.

24. 지름 : 원이나 구 따위에서, 중심을 지나는 직선으로 그 둘레 위의 두 점을 이은 선분. 또는 그 선분의 길이.

25. 이상 : 수량이 기준을 포함하면서 그 위인 경우.

26. 이하 : 순서나 위치가 일정한 기준보다 뒤거나 아래.

27. 초과 : 일정한 수나 한도 따위를 넘음.

28. 미만 : 정한 수효나 정도에 차지 못함. 또는 그런 상태.

29. 어림 : 대강 짐작으로 헤아림. 또는 그런 셈이나 짐작.

30. 반올림 : 근삿값을 구할 때 4 이하의 수는 버리고 5 이상의 수는 그 윗자리에 1을 더하여 주는 방법.

31. 올림 : 어림수를 구할 때, 구하려는 자리 아래에 0이 아닌 숫자가 있을 경우 구하려는 자리의 숫자를 1만큼 크게 하고, 그보다 아랫자리는 모두 버리는 일.

32. 가르기 : 수를 조작하는 극히 기본적인 방법을 지도하기 위한 개념으로 분할과 같음.

33. 깊이 : 위에서 밑바닥까지, 또는 겉에서 속까지의 거리.

34. 넓이 : 일정한 평면에 걸쳐 있는 공간이나 범위의 크기.

35. 부호 : 몇 개의 수 또는 식의 사이에 셈을 놓을 때 쓰는 표. 수의 성질을 보일 때 양수, 음수를 나타내는 기호.

36. 자연수 : 1부터 시작하여 하나씩 더하여 얻는 수를 통틀어 이르는 말.

37. 대분수 : 정수와 진분수의 합으로 이루어진 수.

38. 약수 : 어떤 정수를 나머지 없이 나눌 수 있는 정수를 원래의 수에 대하여 이르는 말.

39. 배수 : 어떤 정수의 몇 배가 되는 수.

40. 공약수 : 둘 이상의 정수 또는 정식에 공통되는 약수.

41. 약분 : 분수의 분모와 분자를 공약수로 나누어 간단하게 하는 일.

42. 합동 : 두 개의 도형이 크기와 모양이 같아 서로 포개었을 때에 꼭 맞는 것.

43. 대칭 : 점이나 직선, 평면 양쪽 부분이 똑같은 형으로 배치된 것을 말함.

44. 직육면체 : 각 면이 모두 직사각형이고, 마주 보는 세 쌍의 면이 각각 평행한 육면체.

45. 정육면체 : 여섯 개의 면이 모두 합동인 정사각형으로 이루어진 정다면체.

46. 각뿔 : 각형의 각 변을 밑변으로 하고, 다각형의 평면 밖의 한 점을 공통의 꼭짓점으로 하는 여러 개의 삼각형으로 둘러싸인 다면체.

47. 닮음 : 어떤 도형을 일정 비율로 확대하거나 축소한 것.

48. 합동 : 모양과 크기가 같아 완전히 포개어지는 도형.

49. 백분율 : 전체 수량을 100으로 하여 그것에 대해 가지는 비율.

50. 평균 : 여러 수나 같은 종류의 양의 중간값을 갖는 수.

[사회 어휘]

1. 의식주 : 옷과 음식과 집을 통틀어 이르는 말. 인간 생활의 세 가지 기본 요소.

2. 기후 : 기온, 비, 눈, 바람 따위의 대기(大氣) 상태.

3. 지리 : 어떤 곳의 지형이나 길 따위의 형편.

4. 위도 : 지구 위의 위치를 나타내는 좌표축 중에서 가로로 된 것.

5. 경도 : 지구 위의 위치를 나타내는 좌표축 중에서 세로로 된 것.

6. 강수량 : 비, 눈, 우박, 안개 따위로 일정 기간 동안 일정한 곳에 내린 물의 총량.

7. 문화 유산 : 장래의 문화적 발전을 위하여 다음 세대 또는 젊은 세대에게 계승 · 상속할 만한 가

치를 지닌 과학, 기술, 관습, 규범 따위의 민족 사회 또는 인류 사회의 문화적 소산.

8. 세시 풍속 : 해마다 일정한 시기에 되풀이하여 행해 온 고유의 풍속.

9. 통신 수단 : 각종 형태의 통신을 전하는 데 이용하는 물질적 · 기술적 수단. 전화나 전신, 우편 따위.

10. 교통 수단 : 사람이 이동하거나 짐을 옮기는 데 쓰는 수단.

[과학 어휘]

1. 무게 : 물건의 무거운 정도.

2. 질량 : 물체의 고유한 역학적 기본량.

3. 속력 : 속도의 크기. 또는 속도를 이루는 힘.

4. 속도 : 물체가 나아가거나 일이 진행되는 빠르기.

5. 고체 : 일정한 모양과 부피가 있으며 쉽게 변형되지 않는 물질의 상태. 나무, 돌, 쇠, 얼음 따위의 상태.

6. 액체 : 일정한 부피는 가졌으나 일정한 형태를 가지지 못한 물질.

7. 기체 : 담는 용기에 따라 모양이 변하고, 담긴 공간을 항상 가득 채우는 물질의 상태.

8. 응결 : 작은 입자들이 지니고 있는 전기, 전하를 중성화시킴으로써 안정성을 파괴시키는 공정.

9. 승화 : 고체에 열을 가하면 액체가 되는 일이 없이 곧바로 기체로 변하는 현상.

10. 해풍: 바다에서 육지로 부는 바람. 낮에는 육지가 바다보다 온도가 높으므로 육지 위는 저기압, 바다 위는 고기압이 되어, 바람이 바다에서 육지로 봄.

11. 육풍 : 육지에서 바다로 부는 바람. 밤에는 바다가 육지보다 온도가 높으므로 바다 위는 저기압, 육지 위는 고기압이 되어 바람이 육지에서 바다로 봄.

12. 한 살이 : 동물 곤충 따위가 알, 애벌레, 번데기, 성충으로 바뀌면서 자라는 변태 과정의 한 차례.

13. 완전탈바꿈 : 곤충류의 변태 형식의 하나. 곤충이 자라는 동안 알, 애벌레, 번데기의 세 단계를 거쳐 성충으로 되는 현상.

14. 불완전탈바꿈 : 곤충류 변태 형식의 하나. 알로부터 시작하여 성충이 되기까지 번데기의 시기를 거치지 않고 유충이 곧 성충으로 되는 변태.

15. 지형 : 땅의 생긴 모양이나 형세.

16. 퇴적 : 암석의 파편이나 생물의 유해(遺骸) 따위가 물이나 빙하, 바람 따위의 작용으로 운반되어 일정한 곳에 쌓이는 일.

17. 침식 : 비, 하천, 빙하, 바람 따위의 자연 현상이 지표를 깎는 일.

18. 영양소 : 성장을 촉진하고 생리적 과정에 필요한 에너지를 공급하는 영양분이 있는 물질.

19. 기관 : 척추동물의 후두에서 허파에 이르는, 숨 쉴 때 공기가 흐르는 관.

20. 소화 : 섭취한 음식물을 분해하여 영양분을 흡수하기 쉬운 형태로 변화시키는 일.